# 呈现风景

## WITH SCENERIES

王幼芬

YOUFEN WANG

著

同济大学 出版社
TONGJI UNIVERSITY PRESS
·上海·

建筑源于对世界的体悟和想象，

终是为了营造适宜的场所，

激发丰富的可能，

从而呈现风景——

它们可能是山水林园，

也可能是人文样态；

可能是诗意的情境，

也可能是琐碎的日常；

它们是人与世界的关联。

# 序言
FOREWORD

文 / 韩冬青 HAN Dongqing

　　王幼芬是我们南京工学院建筑系（现东南大学建筑学院）1978 级的学姐。我于 1980 年入学，77 和 78 两级大都是我们仰慕的学长、学姐。幼芬师姐从业四十余年来，一直坚持在建筑创作实践的一线。我们有机会在一些学术会议期间见面，交流专业学习和实践的心得。我从中得到她的鼓励和指教，受益良多。后来我们学院又聘请她在母校参与本科教学和研究生培养，自然又多了一些切磋专业的机缘。能够先于读者们阅读学习这本《呈现风景》，是一种荣幸！

　　这本读物取名《呈现风景》，透视出一种关于建筑和设计的态度。在中国人传统的观念中，风景不仅是自然的，也包含人工之物，但也不是任何物象都可称为"风景"。中国人的风景，讲究景致的风韵和气象，讲究整体的格局和气韵。这种整体性不仅是指物象自身的物质性在视觉上的一种投射，也包含了人沉浸其中，或游动、或静观、或欢畅、或静思，从而获得的一种内在体验。中国画中所谓"三远"（高远、深远、平远）或"仰观俯察"，即人与景的关系是一体的、互动的。在我的理解中，幼芬师姐的"呈现风景"大意有两层：其一，建筑应该成为整体风景中的一个有机组成部分，而非风景的主宰，这是一种从外部"入画"的态度；其二，建筑是一种组织景观的历程，而非静态的画框，这是一种从内部"入画"的态度。

　　山水固然是一种风景。吴山博物馆的形体以小尺度的单元体量隐现在山林之后，再以拾级而上的室内巷道建立起山林仰俯的路径，从而完成了建筑作为局部而参与到风景之中的整体构造。类似的姿态和策略在浙江旅游展示中心的设计中再次展现。点步石一般的建筑体量阵列在游廊的串接下，掩隐于城隍阁、吴山和山脚下的四宜路之间。看似漫不经心的仰观俯察，背后潜藏了设计者为游者建构的观景结构。生活也是一种风景。邢台大剧院显然放弃了常见的宏伟表现，在以一个圆形回应相邻的正方建筑之后，建筑师的笔墨很快转向了对日常生活场景的营造。不同方向的路径汇向中心的围合形高台广场，成就了一处城市的"文化客厅"，等待着生活之剧的填充。日常生活的花园甚至也可出现在类似东台建设大厦这样的寻常办公建筑之中，不同尺度的共享空间在室外和室内之间形成既分且合的动线勾连，从而赋予办公人群流连忘返的山路意趣。

历史是记忆中的风景。在苏州大新桥巷历史建筑保护与更新设计中，建筑师仔细维护了苏式传统民居群落的进路格局和空间结构，以此为本底，探讨适应当代生活的场所营造策略。在幼芬师姐的作品中，形式语言是很低调的，设计的大部分用心给了人与景致之间的关系建构，而设计的痕迹则被小心地掩藏。就好像古代宋画，画者的技匠不会被夸张地表现，但总给人一种引导观者入画探索的诱惑。这是画的态度，也是设计的一种态度。这本读物对作品的选择并不以是否建成为标准，用意也就在于和读者交流关于"设计"这种行为的意义。设计是"呈现风景"的法门。

期待师姐的设计延绵快乐，祝各位同道读者开卷有益。

2023 年 6 月 18 日 写于南京四牌楼中大院

# 引言 观与游：王幼芬的文化建筑

INTRODUCTION OBSERVATION AND WANDER: WANG YOUFEN'S CULTURAL ARCHITECTURE

文／徐洁 XU Jie

建筑可以对我们的仪式和日常生活进行强化、支撑和帮助，我最喜欢和享受的生活体验是让平常的东西变得特别，而不是让特别的事物成为所有。

——大卫·奇普菲尔德（David Chipperfield）

建筑既是普通的，又必须是很特别的。普通，因为它们融入了地方、历史、工艺、传统——这些早已存在的东西。与此同时，建筑又不能是平庸的，而应是具体事物的精心组合。

芒福德曾说过，城市不仅仅是居住生息、工作、购物的地方，它是文化的容器，更是新文明的孕育所。文化建筑（博物馆、美术馆等）正是这样一种存在，它们是人类集体记忆的重要收藏地，是一座城市的历史、文明的积淀。人们来到这里与历史对话，看见历史过往的作品、物质艺术和先人的思想生活，唤醒当下的文化思考，赋予城市日常空间以文化仪式。人们沉浸其间，游离在紧张匆忙的日常生活之外。

王幼芬设计的文化建筑回应着历史传统文化与日常生活的细节，从场地环境出发，与自然山水、街道和建筑、人对话，建立起一种平衡。她的建筑可以像一首歌、一段曲，带给人们自然清新和芬芳，温暖人心；也可以是一部交响乐，让人陶醉其中，思绪万千，回荡良久。

针对她不同时期和不同规模的设计，可以看到真诚与好奇、协奏与交响、观景与景观、纪念性与日常性、观与游等关系。

## 真诚与好奇

王幼芬的设计从她的亲身经历开始，充满真诚与好奇。从场地环境出发，自然草木、街巷门头、粉墙黛瓦、湿漉漉的石板路，早起散步的老人、上学的孩子、暮色中归来的家人，她关注的是空间与人们的互动。人文、艺术、音乐从小就在她的心灵里埋下种子，伴随着她的学习成长；儿时的学校、大院，杭州城市生活的烟火，始终让她看到人文的魅力。她在日后的设计中，会以此来营造自己心中的理想空间。

她的设计是对历史、文化的学习和尊重，对周围环境生活的倾听与融合，同时她以自己的思考来激发场地和建筑的能量，让更多的力量参与，彼此共同生长。

## 协奏与交响

如同协奏曲是独奏乐器与管弦乐队协同演奏，交响乐是管弦乐队整体共同演奏来完成一样，一组博物馆建筑是与周边场地环境、历史人文、人们的日常行为共同交互产生的乐章。有时是建筑的协奏，更多时候是与城市、生活的交响。

吴山博物馆建筑和展示中心犹如一首巴赫的赋格曲，主题空间明确，各展示空间单元结构清晰，随线性呈现、展开、再现和结尾；设计用简练、含蓄的手法，以单元空间为基础，形成和谐的旋律。随着移步前行，各单元空间按序依次展开，遵循主题、彼此呼应，形成整体的空间节奏，起承转合、回旋结束。建筑师从位于吴山山坡的场地出发，设计延续山脚下清河坊的生活民居、街巷，以小尺度回应周围的建筑与空间姿态，将建筑深深地融入环境之中，消隐在吴山山林和街巷深处。二层体量的建筑以分散单元依等高线有节奏地延伸，三个主展厅和爬山廊以相同或相似的连接组合、延展、转折，保持整体空间的韵律和节奏，在绿色的山水画卷中，抬头是远处的城隍阁和连绵的山峦，自然清新。在建筑建成十多年后，我们来到现场，发现建筑深藏于山林中，已经与周围环境融合，形成共生关系。这是建筑空间内在的逻辑与秩序，建筑本身如同一首节奏活泼、旋律明快的钢琴协奏曲，同时，建筑在城市山林之间与周围的环境场地又组成了城市交响曲。室内外不同的空间——从城市广场、建筑广场、纵横交织的街巷、小院，到集市、步行街上的人，爬山锻炼、上山游玩的人，共同组成了日常生活的交响，是行走的乐趣和相遇的喜悦，在林间花前水边，共同组成充满生机的人间烟火。

旅游展示中心在吴山景区与城市街区之间，设计时间与博物馆相近，延续了对吴山自然环境和城隍阁的思考。设计依旧以小空间单元的形式，线性展开、沿山脚布局，七组合院以长廊相连，形成了空间的主旋律，同时有意多留出了空间，呼应着山顶的城隍阁。整体建筑如同一首进行曲，在山林中回荡。

如果说建筑是凝固的音乐，那在这里，我们感受到的是和谐的乐章，是建筑与周围树林、街巷的协奏，是与远处山水城市的共响。

## 观景与景观

博物馆不仅是一个展示场所,还要为城市创造出新的公共空间,并邀请广大公众参与其中。要将博物馆建筑整合入现有的城市肌理中,使其与城市交织融合,成为一体。在城市新区的开阔空间中,设计博物馆就是设定一个城市新坐标,自成体系。吴中博物馆、武义博物馆和规划馆,以现代的几何语言,将文化建筑的纪念性与城市尺度的日常生活相连,以简洁的几何形体进行虚实对比,彰显人文艺术氛围。建筑以透明、开放的姿态,使室内外空间流动起来,进而融为一体。周围水面的反射,使建筑的空灵、开敞和实体形成强烈对比,人们从建筑柱廊和室内的框景中,定格"山水风景"和"城市家园"。

新建筑的设计语言体系,为城市注入了崭新的活力,将现代性融入了新的城市空间,将人文艺术传承嵌入了新的区域。这种新与旧的隔空对话,也给人们的生活带来涟漪,让日常也能充满诗情画意。

建筑师在吴山风景区的建筑创作,使建筑场所与自然山水、建筑、人、历史建立关联。无论是对于吴山博物馆和旅游展示中心里的艺术品,还是吴山的风景和城隍阁、西湖,建筑更多是一个场所,能更好地联系周围环境。新区博物馆除了观景外,更关键的,是成为景观,希望以这样的风景在新区中催生更多的回应、对话和交流,从而形成一种文化场域。

## 纪念性与日常性

从古希腊戏剧的繁荣到罗马露天剧场的兴盛,戏剧与剧场一直伴随着人类文明前行的脚步。它们传承着历史文化和人们共同的情感,是传统祭典仪式和节日庆典的流传,也是百姓日常生活的投影。它们共同组成了城市的公共性活动,成为城市空间的地标和中心。

现代城市的大剧院和博物馆延续着它们最初的特性,并逐渐发展成为一类综合功能的建筑,成为城市公共文化地标。

在下沙大剧院、深圳自然博物馆、邢台大剧院等的设计中,王幼芬的建筑设计颠覆了原来对城市剧院、广场的界定,打破了注重仪式、线性单向序列的传统的空间结构。以融合开放空间、多元城市功能,建筑设计回应了城市场地,与城市街道空间相联系,形成多方位的开口和路径,引导人们自然地进入场地,在不同的平台、坡道、广场或屋顶等空间,形成自由流畅、丰富自在的空间。城市尺度的建筑与空间设计,以不同的形式及空间尺度的中心广场、开放公共平台、庭院空间、门廊、长廊等展开，引导人们体验不同尺度的丰富空间。同时有意弱化室内外空间界线，柱廊、坡道、檐下的空间设置，无疑增强了空间的层次和活动的多样化。设计中自由曲线的运用，将空间辗转、叠合、嵌套得更为流畅，生成无穷变化，拓展了城市空间，用柔和伸展的曲面化解了传统城市空间的工整，形成自由复合、回旋有趣的空间。在室内与室外之间，在上面和下面之间，在自然绿地与建筑之间——这样多维度的空间，从不同的立场看见城市，演绎着有日常烟火的日子。多层次的公共空间和无边界的剧场延展化解巨大体量，在空间开合、光线明暗之处，蜿蜒上下的空间穿行其中，与周围的自然环境和城市相融合。大量开敞空间形成的流动性，往往能吸引青少年和不同家庭来此展开各种活动：文艺活动、慢跑、太极、瑜伽、滑板、遛狗……

在下沙大剧院、邢台大剧院和深圳自然博物馆，设计建构起多样丰富的城市公共空间的交响叙事，以开放的文化集合空间和不同的场景设置，有意识地化解了庄严的气氛，以多样的空间体验和近在咫尺的美好，拉近了经典高雅与日常大众的距离，如同欧洲夏季夜晚露天广场上的交响乐音乐会，雄浑壮美，柔情轻松……

建筑师试图建立起一套开放的空间体系，与周围场地、城市街道、自然之间形成互动，以开放的空间、自由的动线组织来消减建筑本身的形体，从而让人自然地发生行为交互，形成与环境共生的和谐状态。

## 文化建筑的观与游

文化建筑与空间是某种仪式与内容的观看、欣赏与交流，通过"观"形成一系列的思考、回应、互动，无论是新奇的发现、观念的碰撞，还是认识的共鸣、内心的愉悦，都会通过"观"引发无尽的反响。文化建筑的主题以空间为线索展开，建筑与空间营造的场景，情、景、物无时无刻不在交融，而人"游"的行为在建筑空间中发生，游的过程又是观赏与思考的过程，回应空间的起承转合、幽密与旷远。王幼芬的设计始终将"观"和"游"的状态交织，以人作为主体的出发点，搭建起与环境场地、历史传统的联系，将人们的日常行为延续并融入环境建筑空间中，强化文化建筑的公共性、开放性。设计将建筑随时间浸润于周围环境、城市山林街巷生活中。

这应该是当代城市希望由建筑点亮的生活。

# 目 录
CONTENTS

# 人 · 城市 · 自然山水

PEOPLE, CITY, AND NATURE

　　自然山水，让人神往，使人谦卑，也带给人自在和慰藉。这样的体验与感受，似乎与生俱来地存在于我们的基因中，并投射于我们对理想情境的想象与追寻。于是，与自然山水相望相依、关联观照，便成了我们与世界关联的理想图式。这样的图式，可以呈现于一座城市、一方园地、一个院子，也可以呈现于一处场所、一间房间、一扇窗户。

吴山博物馆
WUSHAN MUSEUM

浙江旅游展示中心
ZHEJIANG TOURISM EXHIBITION CENTER

深圳自然博物馆
SHENZHEN NATURAL HISTORY MUSEUM

武义博物馆、规划展示馆
WUYI MUSEUM AND URBAN PLANNING EXHIBITION CENTER

吴中博物馆
WUZHONG MUSEUM

国家方志馆（江南分馆）
NATIONAL LOCAL CHRONICLES MUSEUM（Jiangnan Branch）

良渚博物院二期
LIANGZHU MUSEUM PHASE II

# 吴山博物馆
## WUSHAN MUSEUM

地　　点：浙江杭州
规　　模：6 082 m²
设计时间：2005 年
建成时间：2010 年

## 可穿行的博物馆
### MUSEUM AS A PASSAGE

初到吴山博物馆场地，感觉竟是沉甸甸的。

在杭州城里，吴山应该是与老城中心融合最为紧密的一座山峰了。相较民国初年还位于城外的西湖，吴山与杭州城有着更为密切的日常联系。山上散布着祠堂寺庙、石碑崖刻，山下延展着街市巷陌。山上香市与山下集市，山与城，精神与世俗，在这里相遇和流动。吴山成了这座城市不可分割的日常。

吴山脚下最贴近老城区的，要数河坊街一带。博物馆的场地就在这里，它东临"河坊街历史街区"，斜依在吴山山脚。

区位

记得我以前常从这一带上吴山，悠悠哉哉地穿过人家小巷，顺着石阶步入山林。

而现在，这里却是另一番景象。快速的城市化进程让这里的面貌发生了很大变化：山脚下曾经熟悉的河坊街消失了，仅留下场地东侧一带的历史街区，它们经历了统一改造，总算还留存了老城以往的烟火气和记忆。场地边绕山而上的粮道山路，如今失去了往日亲切近人的尺度，取而代之的是方便旅游大巴通行的宽大车道。对比郁郁葱葱的山林，山脚处的场地却是光秃秃的，高低不一的台地横卧在那里，夹杂着废弃的仓库和停车场。从远处望去，就像一块巨大的伤疤，嵌在山林与城市之间。

曾经那幅山与城相连相依的生活画面，在这里隐退了。
眼前，这座将要出现的博物馆会是什么样子？
它又会给这里带来什么呢？
迟迟没有动笔，仿佛在这山城之间，潜藏着某种特殊的东西，
等待着我去发现，去捕捉。

直到某一天，或许是被某种潜藏的感觉引导，我画出了第一张草图，虽说不那么明确，我却清晰地意识到：就是它！于是，再也没有回头。

草图中，残秃的台地已成茸茸的山林，
建筑顺着山势匍匐其间，指状般伸入林间，展向城市；
一条步行山道穿过建筑，一端迎向城市，一端通向山林……

建筑依山就势，连接城市与山林

建筑延续城市肌理

现状断裂的山体肌理

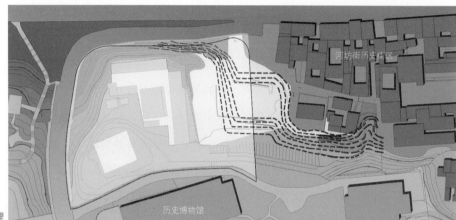

修复后的山体肌理

缝合后的山体肌理

构思总是具体的。除了考虑博物馆自身需要解决的功能、流线等问题，最为重要的，是如何营造一处真正有归属感的场所，如何为人们带去与吴山本该有的日常关联。

生生不息的山林与城市自有其肌理脉络。

设计对场地中遭到破坏的山体进行了填补、修复，使它们延续周围山体的等高线和形态，恢复其原有的自然肌理，重归山林；同样，建筑通过分散的布局形式、适宜的尺度和青灰轻盈的屋面形式，在融入山林的同时，也应和了山下街区的老城肌理、街巷人家。

在这里，博物馆既是城市的片段，又是山林间可穿行的巷陌。

博物馆顺依着山势由低向高，逐层展开。一条穿过整个建筑的步行主轴接城连山，将指状般伸向山林的展览空间并联成整体，形成连续而张弛有度的空间格局。其间，每组展厅含两层，依山就势地散布在 ±0.0 m、4.2 m、8.4 m 和 12.6 m 四个不同高度的台地上。展厅内上下两层连通，展厅间首尾相接，构成了自洽连续的展览空间序列。各层展厅既与步行主轴空间关联，又能相对独立而自足，这也为步行主轴空间的公共性提供了可能。

博物馆的步行主轴空间顺应山势纵向展开，一端面对城市，一端通向山林。其间，依伴着花草绿植的段段石阶，连接着一旁的展厅，也应和着展厅间透入的绿荫。阳光从顶部的格栅洒落，使得这一空间更显公共开放，充溢生气。

1 主入口
2 步行主轴
3 展厅
4 庭院

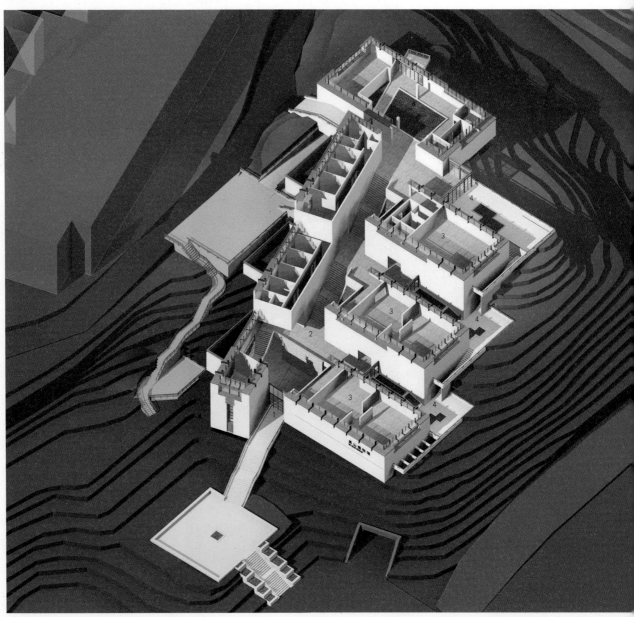

建筑顺应地形，依山逐层展开

主入口

　　观展的人们可经由入口进入一层展厅，通过展厅内和展厅间的空间引导，连续完整地于各层展厅观展；也可经由主轴空间的石阶，有选择地进入旁侧的任一展厅，自由观展。

　　上山的人们，则可沿着带有山林野趣的石阶，或拾级而上，或驻足赏景，或行至尽端处的庭院品茗小憩，或穿过博物馆，步入山林。

　　在这里，博物馆不再是山林和城市间的阻隔，也不再是被人们绕行的踞山他物。人们在此穿行、观展、交往，带着街巷的温度、山林的气息，也呢喃着款语轻声和日常的乡音。

　　在这里，
那些看似已经失去的东西又悄然回来了。

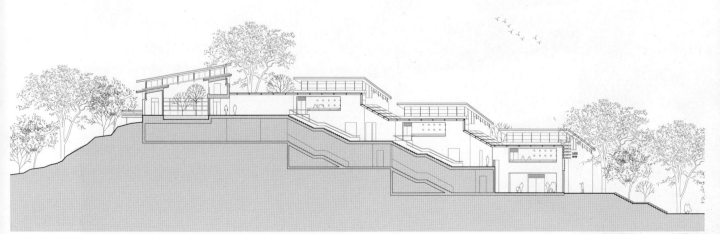

纵剖面图（a—a 剖面图）

步行主轴

补叙

吴山博物馆建成后不久，与南边的历史博物馆合并，改名杭州博物馆。
此后，馆内建筑空间发生了种种改变。

位于步行主轴尽端的一组围绕庭院的空间，从博物馆中分离出去，成
了某个研究机构的办公场所。

在步行主轴空间中，石阶边用来种植小乔花木的区域，被生硬地加上
了自动扶梯。

面向山林的出入口不再通向山林，步行主轴空间内的公共路径被引向
了南边的场馆。

……

西立面图

步行主轴

庭院

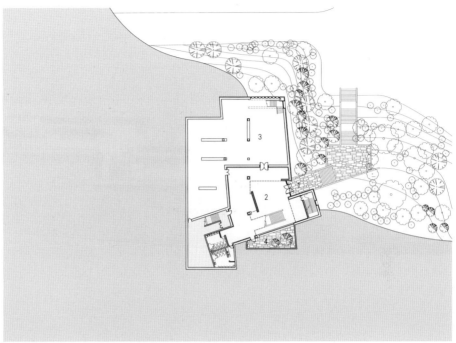

1 主入口
2 门厅
3 展厅
4 庭院

一层平面图

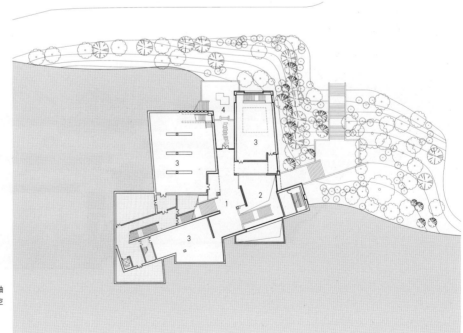

1 步行主轴
2 门厅上空
3 展厅
4 庭院

二层平面图

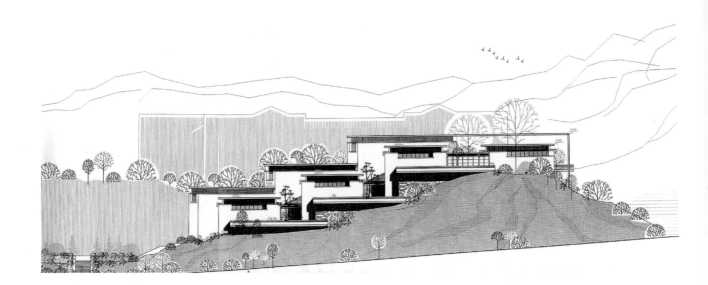

北立面图

东立面图

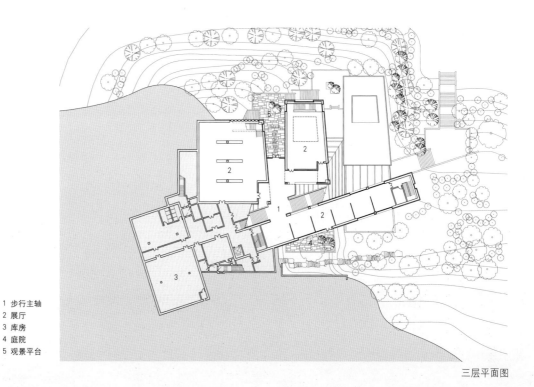

1 步行主轴
2 展厅
3 库房
4 庭院
5 观景平台

三层平面图

1 步行主轴
2 展厅
3 艺术沙龙
4 学术交流
5 办公
6 庭院
7 观景平台

四层平面图

# 浙江旅游展示中心
## ZHEJIANG TOURISM EXHIBITION CENTER

地　　点：浙江杭州
规　　模：23 260 m²
设计时间：2008 年
建成时间：2017 年

## 山城之间
### BETWEEN THE CITY AND HILLS

　　城隍山脚下的四宜路一带，虽然邻近热闹的吴山广场，却是一片闹中取静的区域，少有游人。浙江旅游展示中心项目的基地就在这条道路的北端，依傍着吴山。

　　第一次踏勘现场，印象深刻。

　　四宜路尺度不大，街道边多为近些年来新建的住宅——虽然层数不高，却把街道一侧的吴山遮得严严实实。行走其间，很难想象街道背后竟是山林。行至展示中心的场地边，道路一侧突然打开，青绿的山林和山林之上硕大的朱阁影像扑面而来，让人错愕。缓过神来才意识到，眼前就是吴山和城隍阁。

区位

建筑融于山林，远处为西湖

一直以来，吴山和城隍阁都是人们在城区或西湖边远眺的熟悉景观，而此时，这幅图景却豁然放大了数倍。青山绿枝，朱阁飞檐，近在咫尺。

场地贴着街道，横卧在山脚。这块场地曾是杭州手表厂的厂址，如今已成废墟。放眼望去，场地内尽是高高低低的荒芜台地，除了较高处的一座需保留的老砖房外，布满了碎石和荒草。

带队的甲方说，这已是四宜路沿吴山一带仅剩的一处建设用地了。

驻足场地，郁郁葱葱的山林占满了整个视野。
微风中，它们如此沉静，淡淡地俯望着城市，
俯望着场地，也俯望着我们。
那一刻的场景，就此印在了心底。

由于展示中心规模较大，最初的设想，是把大部分建筑布置于地下，其上以地景形式延续山林，融入街道。遗憾的是，因场地地处西湖风景名胜区，依据法规，不允许大开挖或建地下室，这一构想因此很快被否定。在进一步研究了山林环境、街道环境、场地关系以及场地内种种限制条件后，方案渐渐形成：

山林下，街道边，一处环拥着山林，
又亲近着街道的场所。
建筑以两种不同的面向回应山林与城市。

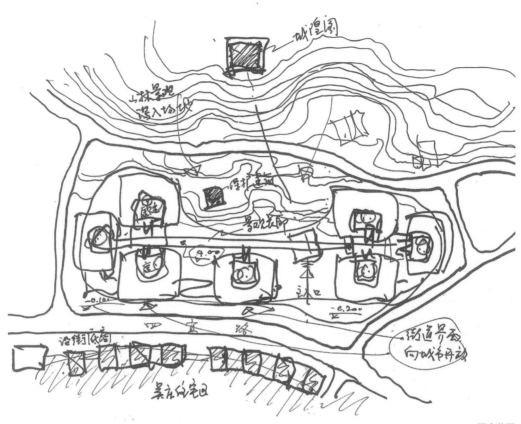

概念草图

面向山林，建筑以分散布局的方式回应场地。

设计将建筑围绕山林景观分散布置，特别于场地中部留出大面积山地，以此形成山林与建筑间疏朗的林间空地——山地绿园，承接倾泻而下的吴山山林，呈现延续的山林景观。围绕山林和山地绿园，设计将展览空间分成若干单元，并将它们疏密有致地分散布置于高度不同的台地。这些以庭院为中心的展览单元，通过一条面向山林的景观长廊相连接，形成了环拥山林、以风景为主导的整体布局形式。

面向城市，建筑采取了另一种姿态。

展示中心地处吴山景区与城市街区的结合地带，因此，它在融合自然环境的同时，也应是城市街区的有机组成。考虑到街道生活的延续，设计一改展览建筑大多独立于街道空间的惯常做法，利用地形高差，在沿四宜路一侧，以完整的街道界面呼应街道另一侧的界面形式，设置了服务于街区的空间场所，融入了零售店、书店、文创工坊等日常功能。它们与店前的沿廊和街边的空地结合在一起，为街道生活带来了生机与活力。

沿四宜路立面图

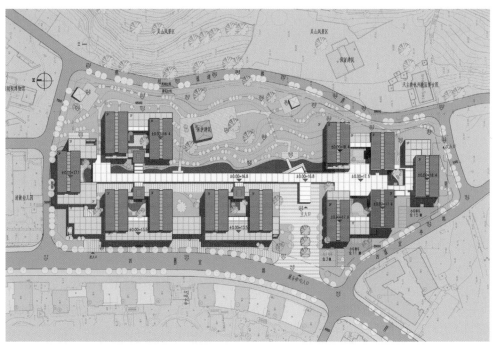

总平面图

　　为了保证吴山山林和城隍阁景观能呈现于街道空间，不为展示中心的任一建筑所遮蔽，设计通过两个途径来调控建筑的布局、高度和形态，保证街区侧行人与山林景观之间通达的视线交互关系。

　　首先，设计沿着四宜路西侧的人行道，确定了一片由行人的视域带引向城隍阁的视域面，在保证行人能完整地观望到城隍阁景观的前提下，来限定并确立基地内各个建筑的高度和屋面形态。这样的控制，使得四宜路街道及其以西街区的行人，都能观望到吴山山林和城隍阁景观。

　　其次，在展示中心沿四宜路的区段上，设计结合建筑布局，设置了若干街道空间节点，其中包括位于展示中心主入口区域、街对面的居住区主入口区域，以及场地西北部山口区域等。通过对这些节点的景观视线研究，进一步控制沿街和场地内建筑的形态，以保证这些重点区域拥有更宜人的景观视野，从而更有层次地呈现吴山山林和城隍阁景观。

面向街道，环拥山林

　　旅游展示中心是一个开放性的场所，除了展示展品，也接山连城，呈现其间流动的风景。

　　人们来到这里，不仅可以徜徉景观长廊、欣赏山林景观、浏览各色庭院，也可以游走绿园，循沿其间的石阶小径，深入山林。当然，还可以漫步街廊，融入日常。

　　在这里，建筑隐退为各色场景中的背景，并以这样的方式呈现了城市与山林间一个丰富的生活世界。

庭院小景

敞廊东望

1 入口广场
2 沿街商业
3 庭院
4 停车库
5 设备用房

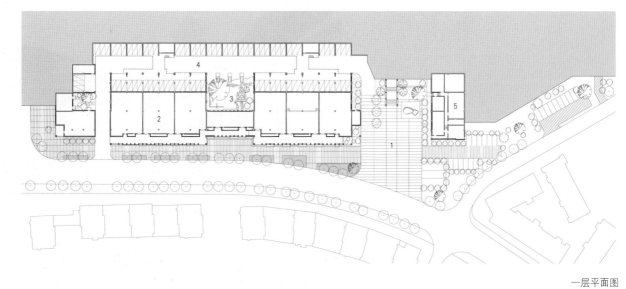

一层平面图

1 入口广场
2 敞廊
3 庭院
4 展厅
5 保留建筑
6 水面
7 山林

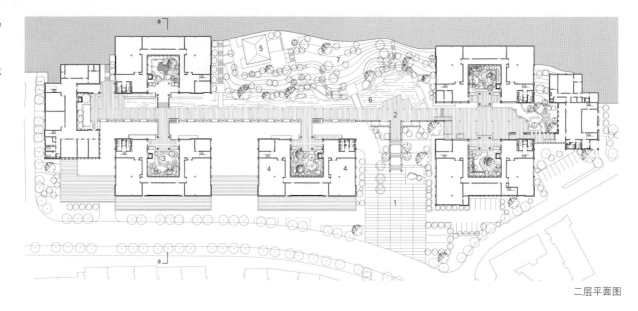

二层平面图

1 吴山西坡
2 景观水体
3 保留建筑
4 主轴连廊
5 庭院
6 展厅
7 门厅

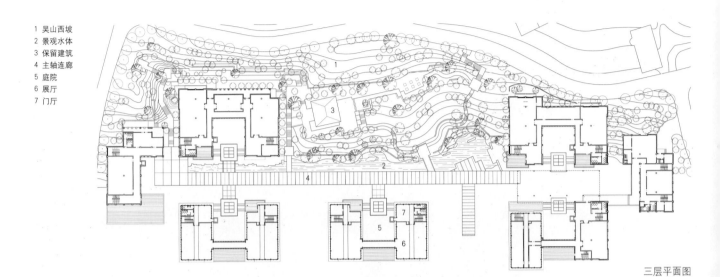

三层平面图

a—a 剖面图

雪后小景

雪后入口广场

入口敞廊南望

建筑与山林

庭院小景

庭院小景

# 深圳自然博物馆
## SHENZHEN NATURAL HISTORY MUSEUM

地　　点：广东深圳
规　　模：103 637 m²
设计时间：2020 年

## 榕树林间
### BETWEEN BANYAN TREES

城市边、山水旁。

面对如此优美的场地环境，设计究竟该营造什么样的场所感，又如何于其中容纳规模为 10 万 m² 的博物馆，同时避免形成山水城市间的压迫、阻隔感？

构思草图是一片坡地上的榕树林。
清风吹拂，山水延绵，绿荫林间生机盎然。
这是对场所关系最初的想象。

设计试图通过这样一种意象，轻盈开放地介入场地，友好地连接城市，融入湖光山色。

结合环境和自然博物馆的功能特点，设计将博物馆空间分解为上部漂浮的空间、下部地景和中部空透的开放空间。它们既相对独立，又相互关联。

区位

上部分漂浮的空间主要为博物馆的展览空间，它们通过几组内含垂直交通的支撑体轻盈悬挑，树冠般地面向燕子岭山水自由展开。"树冠"的下部是绿坡地景，其间融入博物馆的主入口大厅和部分展览功能，同时也融入大量的城市功能。它们结合场所关系，连接街道，又延续山水，自由舒朗地起伏其间。在绿坡地景与漂浮的"树冠"之间，则是城市与山水间最宜人的场所，它们通透、开放，如同榕树下的绿荫地，在深圳灼热的烈日下，带给人们一片清荫而自由的天地。

概念草图

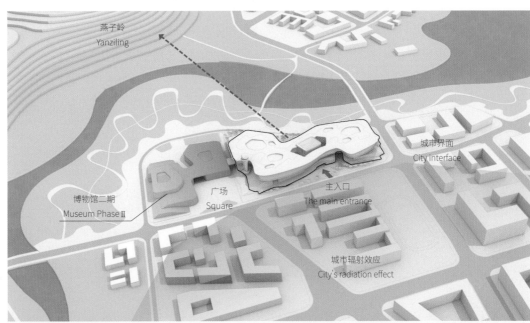

燕子岭
Yanziling

城市界面
City interface

博物馆二期
Museum Phase II

广场
Square

主入口
The main entrance

城市辐射效应
City's radiation effect

面向城市的建筑界面

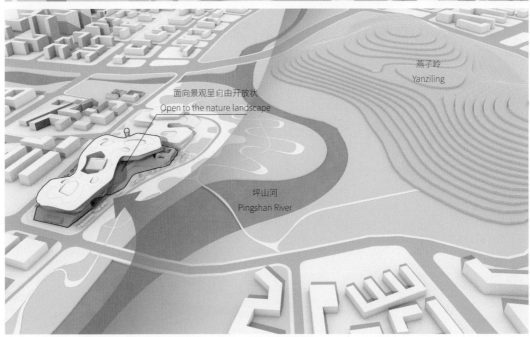

面向景观呈自由开放状
Open to the nature landscape

燕子岭
Yanziling

坪山河
Pingshan River

面向自然的建筑界面

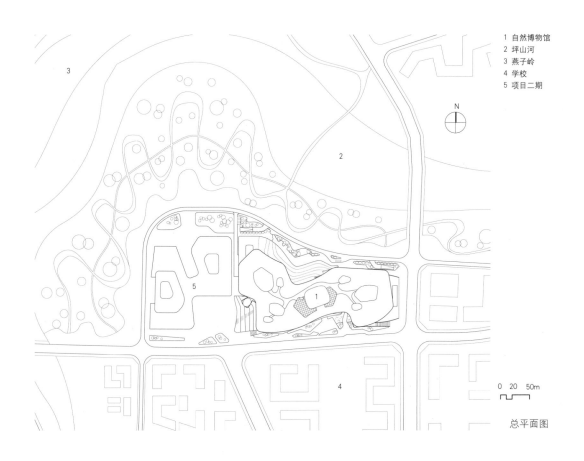

1 自然博物馆
2 坪山河
3 燕子岭
4 学校
5 项目二期

N

0 20 50m

总平面图

在这里，人们不仅可于绿坡地景临城市一侧，经由博物馆的入口大厅，便捷地到达悬浮于上部的展厅层，在那里或观展浏览，或欣赏山水；也可经由穿过绿坡地景间的步行街道，进入旁侧的影院、餐厅或书屋；当然，也可沿着绿坡地景间的坡道小径，步入"树冠"下清透的林间绿荫，这里风淡荫浓，契合着常年烈日炎炎的气候条件下人们对绿荫场所的偏爱，是平日里最吸引人的活动场所。孩子们在此捉虫识草，奔跑嬉戏；年轻人在此相约相会，习舞弹唱；中年人在此品茗赏景，谈古论今；老人们在此切磋棋艺，叙忆旧情……

从坪山河一侧俯瞰自然博物馆

　　如果说自然博物馆的功能是让人们了解自然，那么这里便是人们贴近自然的园地，而这样的贴近不仅属于博物馆，也属于城市，属于生活在城市与山水间的人们。

　　城市边、山水旁，一片榕树林。

　　阳光从树冠间洒落，榕树林间气象万千。

　　繁枝茂叶下，清风吹拂，山水延绵、绿荫间生机盎然。

　　在这里，自然与人相会。

　　在这里，自然博物馆昼夜开放，城市生机生生不息。

纵剖面图

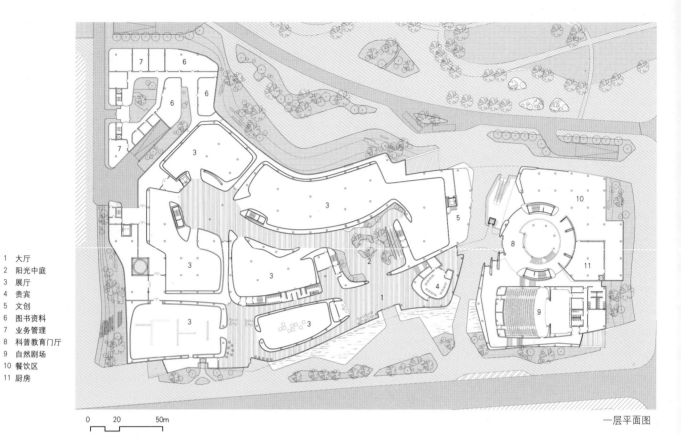

1　大厅
2　阳光中庭
3　展厅
4　贵宾
5　文创
6　图书资料
7　业务管理
8　科普教育门厅
9　自然剧场
10　餐饮区
11　厨房

0　20　50m

一层平面图

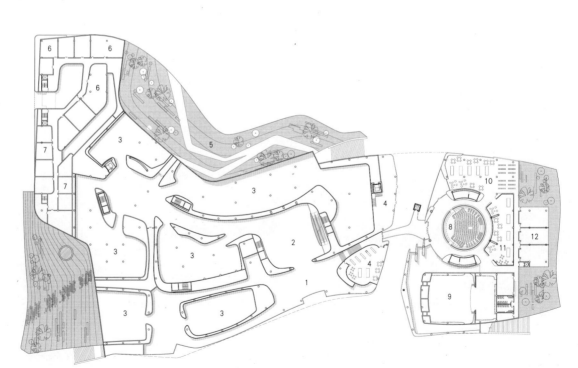

1　大厅
2　中庭上空
3　展厅上空
4　文创
5　绿坡
6　科研
7　修复
8　球幕影院
9　剧场上空
10　科普阅览
11　手工坊
12　科普教室

7.00 m 标高平面图

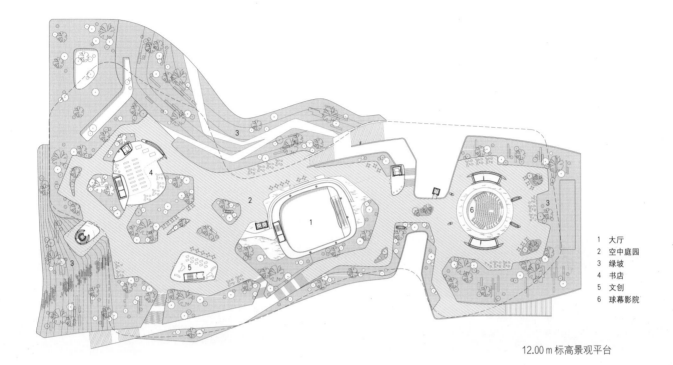

1 大厅
2 空中庭园
3 绿坡
4 书店
5 文创
6 球幕影院

12.00 m 标高景观平台

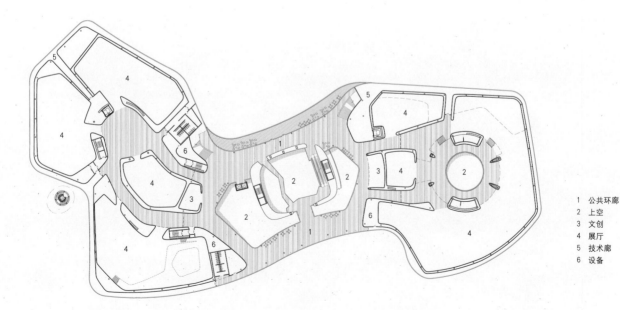

1 公共环廊
2 上空
3 文创
4 展厅
5 技术廊
6 设备

21.00 m 标高平面图

# 武义博物馆、规划展示馆
## WUYI MUSEUM AND URBAN PLANNING EXHIBITION CENTER

地　　点：浙江武义
规　　模：30 391 m²
设计时间：2014 年
建成时间：2019 年

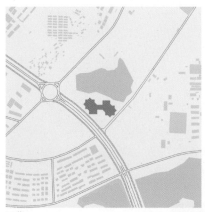

区位

两馆位于城市道路交叉口与黄清垅湖公园之间。总体布局充分考虑了城市与公园水景在空间及活动上的联系，根据场地及地势特点，将两馆与通透的入口开放空间相结合，呈中心对称布置。

两馆建筑体量相当，通过几何体的穿插、滨湖灰空间及观景平台的设置，最大限度降低了建筑对环境的压迫感，从而使建筑更好地与环境对话并融于环境。在建筑内部空间，设计以光为导向组织展览动线，营造场所氛围。

此外，设计充分利用环境及景观资源，将公共性较强的交流空间和休闲空间面湖开放布置，最大限度地考虑两馆在展览之外的日常使用可能。

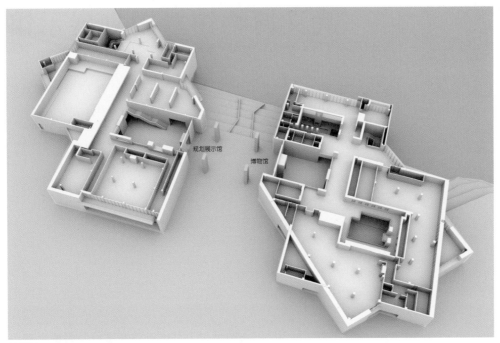

轴测图

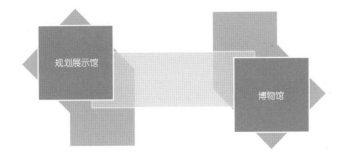

规划展示馆

博物馆

两馆呈中心对称，和而不同

东立面图

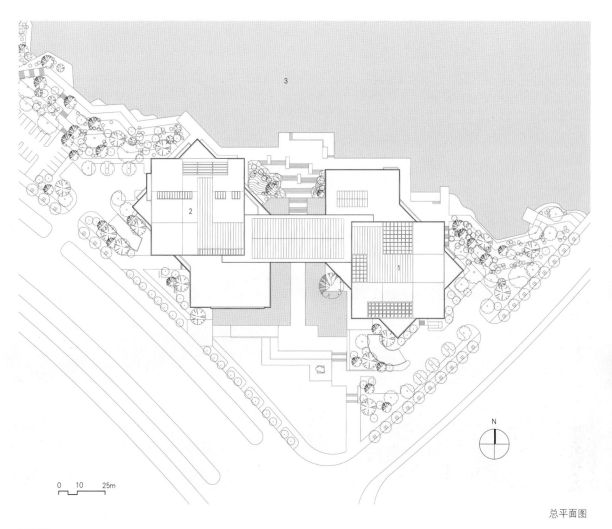

总平面图

1 博物馆
2 规划展示馆
3 黄清垅湖

面湖北立面图

西立面图

临湖鸟瞰

南立面图

博物馆一角

连廊下的入口空间

1 连廊灰空间
2 规划馆大厅
3 规划馆展厅
4 沙盘
5 博物馆大厅
6 博物馆展厅
7 办公

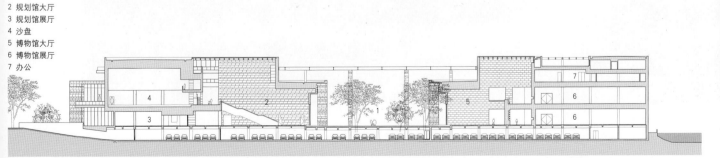

纵剖面图（a—a 剖面图）

湖东岸南望

湖西岸南望

黄清垅湖

1 连接体
2 规划馆大厅
3 规划馆展厅
4 面湖公共区
5 博物馆大厅
6 绿庭
7 博物馆展厅
8 滨水步道

N

一层平面图

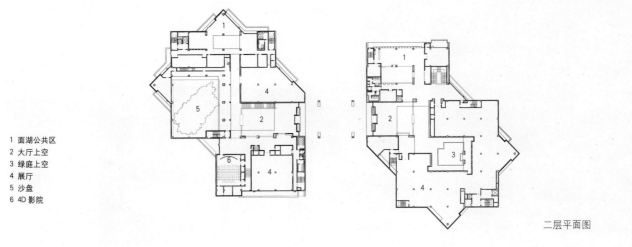

1 面湖公共区
2 大厅上空
3 绿庭上空
4 展厅
5 沙盘
6 4D 影院

二层平面图

中庭一侧

临湖公共空间

中庭仰视

# 吴中博物馆
## WUZHONG MUSEUM

地　　点：江苏苏州
规　　模：18 652 m²
设计时间：2014—2016 年
建成时间：2020 年

吴中博物馆坐落在苏州美丽的澹台湖南岸，这里视野开阔，景色优美，与著名的宝带桥隔湖相望。

结合得天独厚的环境优势，设计试图在博物馆建筑与澹台湖景区间建立起良好的对话关系，同时提升博物馆的公共性，使作为城市文化设施的博物馆，成为人们活动交往的理想去处。

为了将澹台湖景观融入博物馆，设计把封闭的展厅空间集中设置于景观欠佳一侧，并结合内向型中庭及院落空间进行有机组织；同时将公共交往空间组织在景观较好一面，并以自由连续的通透界面，建立与澹台湖景区良好的关联。这既保证了展览空间的环境品质，也为提升博物馆的公共性与开放性创造了良好而宜人的条件。

同时，设计充分考虑了吴中区的地方特质，依照传统巷弄间的合院单元尺度，结合展览空间来确定博物馆基本单元，我们将这些单元通过中庭、窄院及交往空间进行有机组织，在起承转合、虚实相间、内收与展放中营造了富有意趣的空间，也带给了人们熟悉的场所体验。

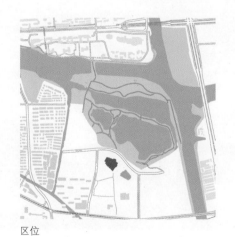
区位

入口鸟瞰

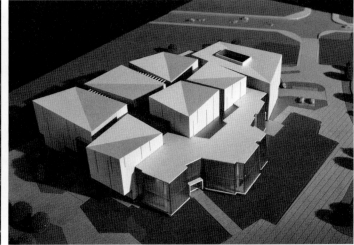

模型

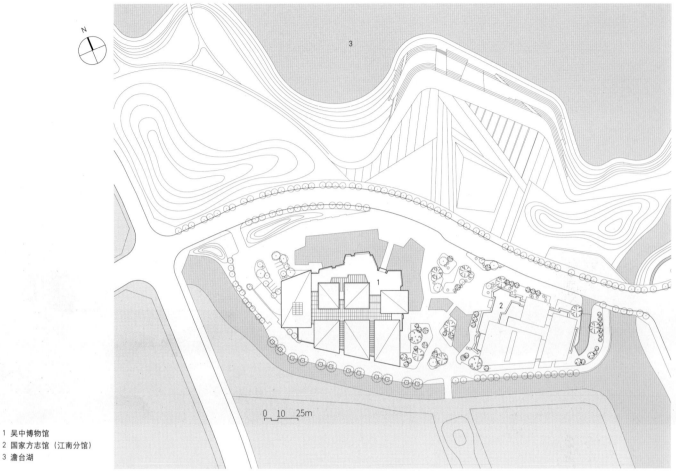

1 吴中博物馆
2 国家方志馆（江南分馆）
3 澹台湖

总平面图

概念草图

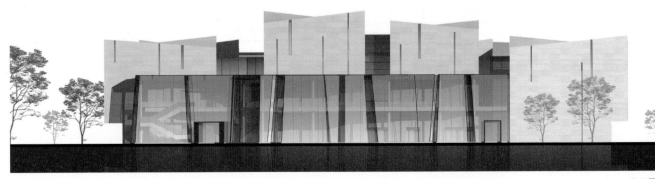

北立面图

南面小景

回廊小景

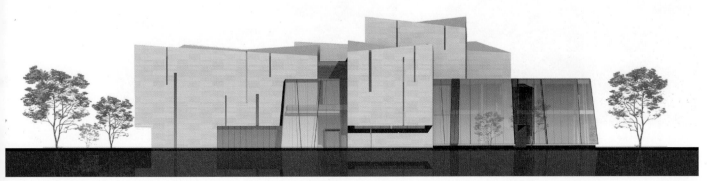

东立面图

中庭局部

中庭局部

1 主入口
2 临湖公共区
3 中庭
4 展厅
5 报告厅

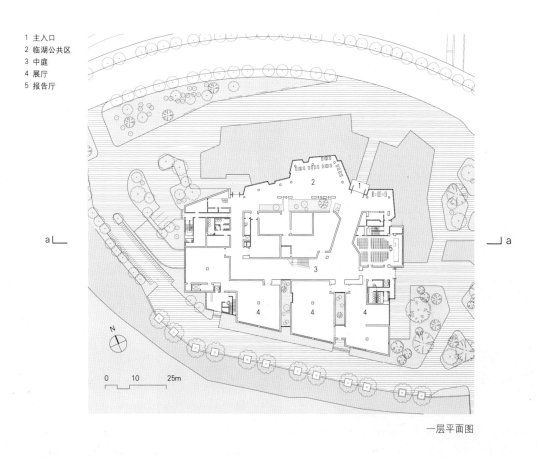

一层平面图

1 中庭上空
2 临湖公共区
3 展厅
4 窄院

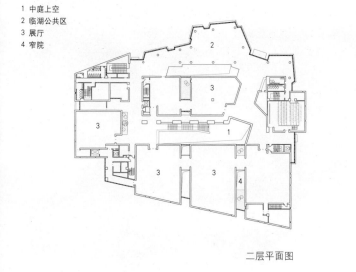

二层平面图

1 中庭上空
2 库房
3 办公
4 餐厅
5 窄院上空
6 屋面

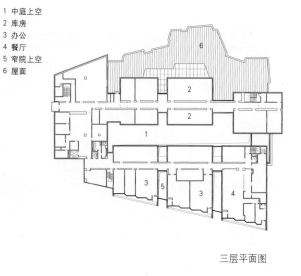

三层平面图

中庭光影

中庭仰视

1 中庭
2 展厅
3 报告厅
4 车库
5 办公

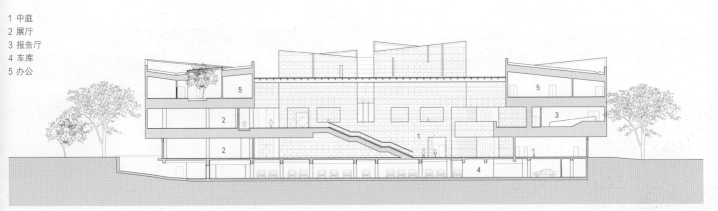

纵剖面图（a—a 剖面图）

# 国家方志馆（江南分馆）
## NATIONAL LOCAL CHRONICLES MUSEUM（Jiangnan Branch）

地　　点：江苏苏州
规　　模：14 225 m²
设计时间：2021—2022 年

区位

　　国家方志馆（江南分馆）坐落于美丽的澹台湖南岸，与基地西侧已建成的吴中博物馆相毗邻。根据任务书要求，两馆间需建立较为密切的联系，共享部分公共空间，并形成整体。据此，设计照应吴中博物馆的场地和尺度关系，以一种既同构又具差异的方式来建立两馆间的关联，形成与吴中博物馆空间上相呼应、功能上相对照、视觉呈现上和而不同的新形式。

面湖鸟瞰

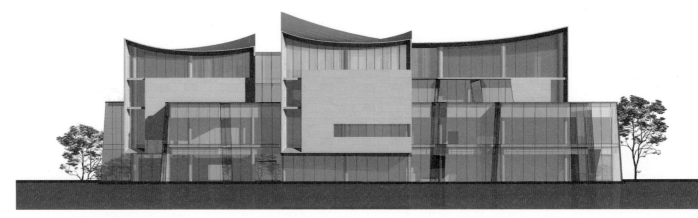

面湖北立面图

1 吴中博物馆
2 国家方志馆（江南分馆）
3 澹台湖

总平面图

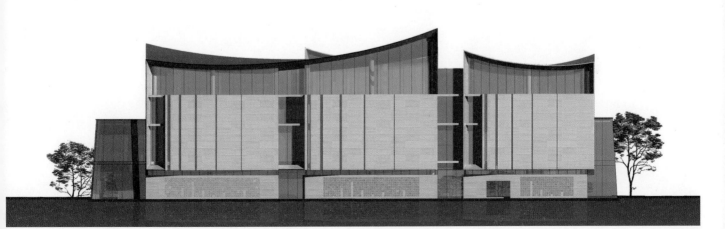

南立面图

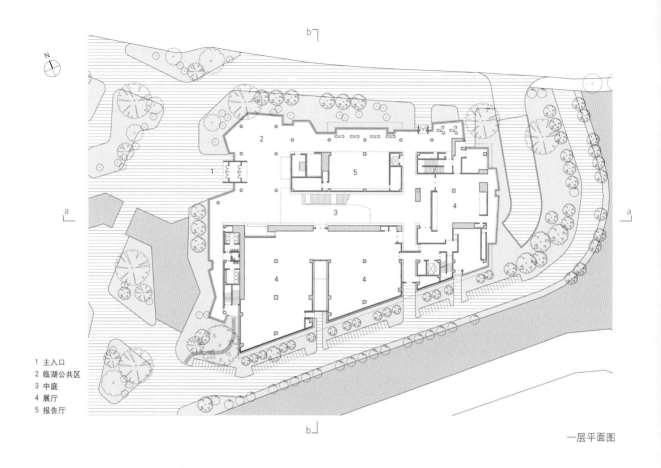

1 主入口
2 临湖公共区
3 中庭
4 展厅
5 报告厅

一层平面图

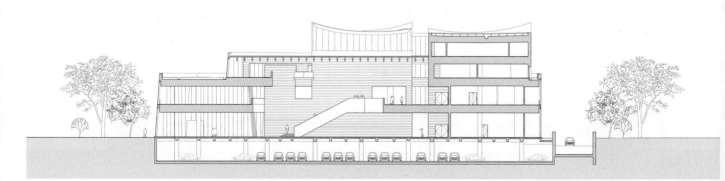

a—a 剖面图

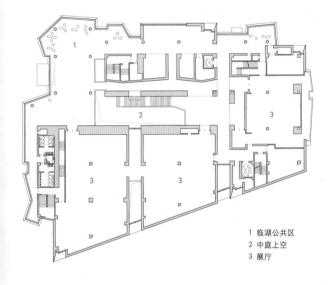

1 临湖公共区
2 中庭上空
3 展厅

二层平面图

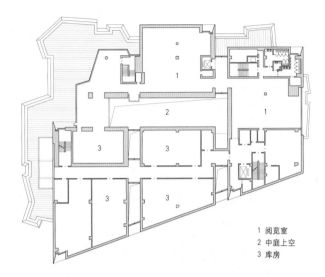

1 阅览室
2 中庭上空
3 库房

三层平面图

b—b 剖面图

# 良渚博物院二期
## LIANGZHU MUSEUM PHASE Ⅱ

地　　点：浙江杭州
规　　模：27 023 ㎡
设计时间：2022 年

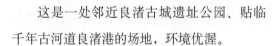

这是一处邻近良渚古城遗址公园、贴临千年古河道良渚港的场地，环境优渥。

出于对良渚古河道这一蕴含着千年古文明的珍贵资源的尊重，设计结合两地块建筑的使用特点，以简洁、舒朗与自由通透相结合的布局方式，契合良渚古河道的古韵和两岸宜人的环境，使博物馆和谐地融入蕴含历史文化的场所氛围之中。

地块一为中国大遗址保护管理中心。设计通过中部贯通南北的开放空间及东向的通透空间，有效地组织了各项功能，也建立起它们与良渚古河道和未来南部文化场所的空间联系。

区位

地块一：中国大遗址保护管理中心纵剖面图

地块二：展览展示中心纵剖面图

　　地块二为展览展示中心，设计结合场地间的城市开放空间组织其主入口，观展的人们经由静谧的浮桥水院引导，缓缓进入充满自然气息的展区公共空间。在这里，树影婆娑，浅溪蜿蜒，人们仿佛徐行于历史的古道长河，探寻着其间呈现的历史与文化。除展区外，连接着展区的文创空间结合滨河绿带布置，它们是展区公共空间的延伸，可独立对外开放，是良渚港畔人们开展日常文化活动的上佳场所。

　　结合两地块建筑的主要入口环境，设计以良渚博物院一期建筑的基本单元尺度来构筑主入口引导空间，以呼应一期建筑，营造富有意味的场所体验。

　　除了两个地块的建筑设计外，设计最大限度地将良渚港及其南岸的景观融入两个地块之间的开放空间。为此，设计调整了原有的城市车行道路，通过适度的组织将其纳入步行系统，进而将该场地营造成联系两地块场馆、联结城市日常的文化公园。

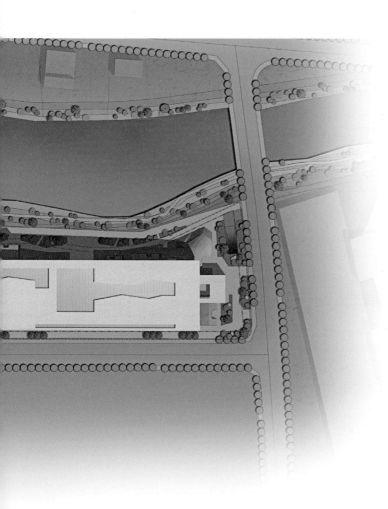

1 地块一：中国大遗址保护管理中心
2 地块二：展览展示中心
3 良渚港

总平面图

沿良渚港西望

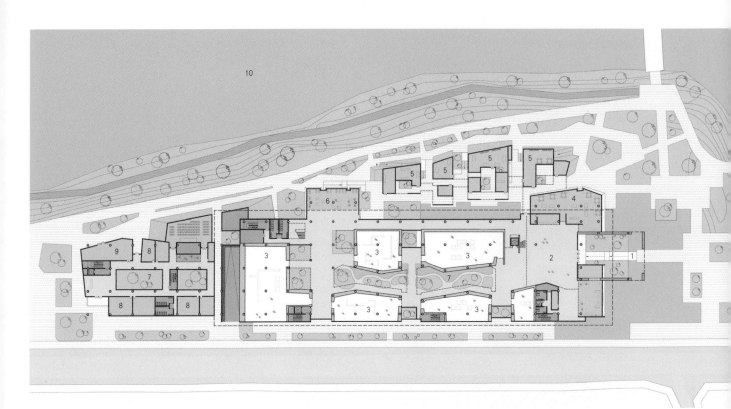

1 主入口      5 文创        9 游客服务中心
2 大厅        6 咖啡吧      10 良渚港
3 展厅        7 内庭院
4 纪念品商店  8 办公

展览展示中心一层平面图

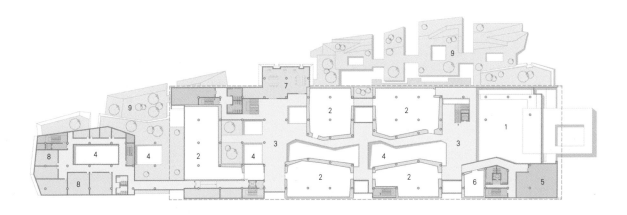

1 大厅上空    4 上空        7 文物修复观摩
2 展厅        5 亲子活动室  8 文物修复
3 公共通道    6 放映室      9 屋顶庭院

展览展示中心二层平面图

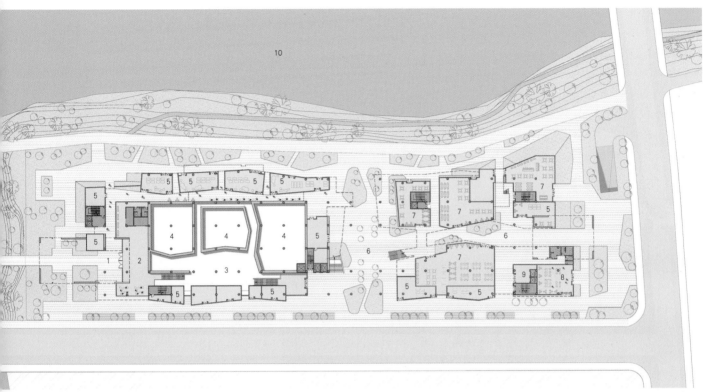

1 观展主入口　　5 文创　　　9 办公门厅
2 大厅　　　　　6 开放空间　10 良渚港
3 侧厅上空　　　7 餐厅
4 展厅上空　　　8 咖啡厅

遗址保护管理中心一层平面图

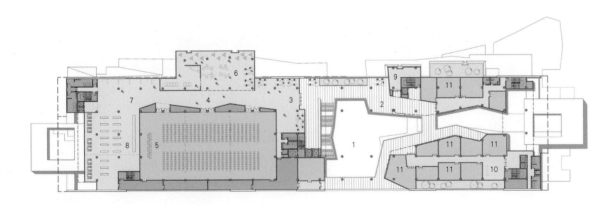

1 开敞门厅上空　5 学术报告厅　9 接待室
2 开敞环廊　　　6 休息室　　　10 办公门厅
3 报告厅门厅　　7 展廊　　　　11 办公空间
4 报告厅侧厅　　8 信息中心

遗址保护管理中心二层平面图

会议前厅

通透的开放空间

文创水街

# 人 · 城市活动
PEOPLE AND URBAN ACTIVITIES

　　我们看到的城市景象，是建筑与自然景物共同形成的。从空中俯瞰，会关注到构成城市的一些脉络，比如轴线和广场，以及一些重要的标志性建筑物等。但这并非城市的全部，对于城市的品质而言，它们甚至不是决定性的要素。相反，城市是由内生发的，生发于人们的日常需求与活动，生发于观照应和这些活动的空间场所。在这一意义上，城市是身体的，可感、可触，可体验、可对话，唯进入其中才能被真正感受认识。它既不宏大也不气派，却真实、温暖、丰沛，呈现着生命的特质。

武林美术馆
WULIN ART MUSEUM

邢台大剧院
XINGTAI OPERA HOUSE

东台展示馆
DONGTAI PLANNING EXHIBITION HALL

东台建设大厦
DONGTAI CONSTRUCTION BUILDING

下沙大剧院
XIASHA OPERA HOUSE

东台广电文化艺术中心
DONGTAI BROADCASTING CULTURAL CENTER

河北大剧院
HEBEI OPERA HOUSE

程十发美术馆
CHENG SHIFA ART MUSEUM

# 武林美术馆
## WULIN ART MUSEUM

地　　点：浙江杭州
规　　模：48 905 m²
设计时间：2018 年
建成时间：2023 年

## 场所中生成
### GENERATED IN THE PLACE

这是一座美术馆综合体。除了作为艺术空间的美术展览功能外，还包括文化产业空间和社区服务功能。它地处城区的武林"新天地"南侧区域，这里建筑较为密集，类型多样。

在这样一处与城市生活紧密关联的场地中，设计期望建筑与周边环境形成友好的对话和互动关系，进而创造一座生发城市活力的美术馆。

区位

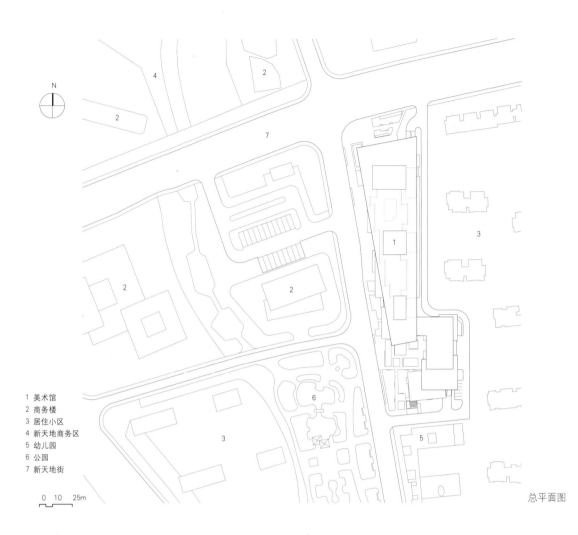

N

1 美术馆
2 商务楼
3 居住小区
4 新天地商务区
5 幼儿园
6 公园
7 新天地街

0  10  25m

总平面图

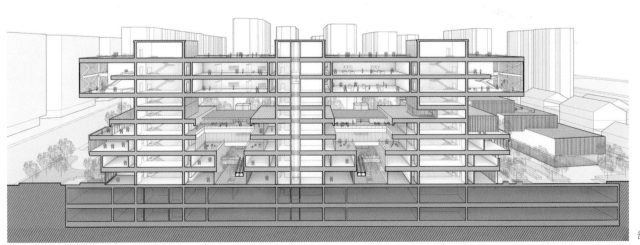

剖轴测图

　　场地呈不规则狭长形，西、北两侧均为高层商务办公建筑，南端靠近规划中的幼儿园和城市公园。因此，设计结合任务书中对建筑高度 50m 的控制要求，尽可能将建筑主体北移，以与周边的高层建筑组群形成空间上的呼应；同时留出南部场地，结合社区服务中心的布局，营造尺度亲切宜人的空间环境，与近旁的幼儿园和城市公园形成良好的呼应关系。

　　良好的环境关系不仅仅来自于适宜的空间和尺度，还涉及其间能否生发互动，积极的互动得益于场所间人们的交往互动的频度，并由此产生富有生气的共鸣。

　　设计依照美术馆不同的功能场所于日常间生发活动的频度来组织建筑的空间架构，以此切入城市日常，激发活力。

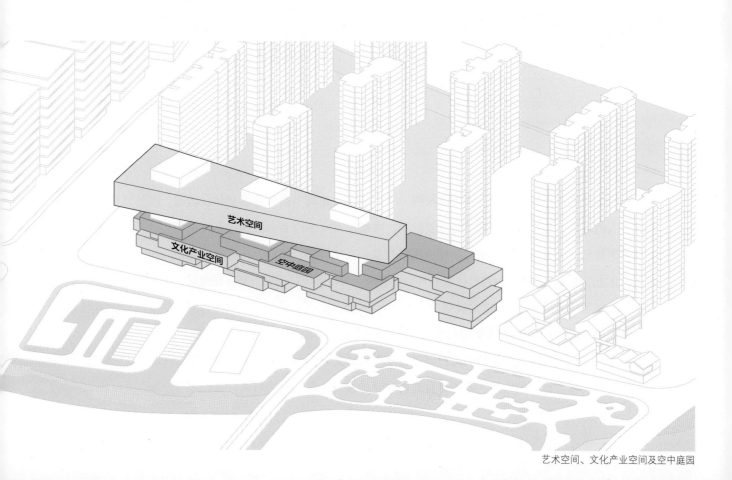

艺术空间、文化产业空间及空中庭园

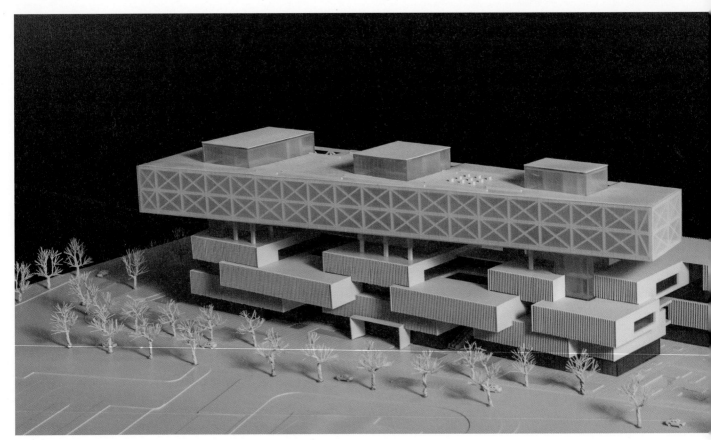

模型

　　美术馆的艺术空间，占地上建筑面积的三分之一，是建筑中最重要的主体，也是最吸引人的场所。但是受展览频次、开放时间、布展以及众多因素的限制，艺术空间使用频率较低，与城市日常的交互频度也相对较低，互动较弱。相反，占有地上建筑面积三分之二的文化产业空间和社区服务等功能场所，关联着日常通勤、服务和交往，与城市的交互频度相对较高，互动较强。

　　基于此，设计将与城市交互频度较低的艺术空间置于建筑的高区，悬浮于城市之上，使之相对独立，远离喧嚣。观展的人们可通过底层入口大厅，经由垂直电梯便捷地上至美术展览场区。这样的设置，既切合目的性较强的参观人群的行为特点，又凸显了

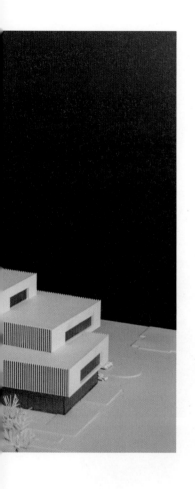

美术馆的主体，同时也可为那些与城市交互频度较高的功能，留让出更多贴近街道活动的空间。对应于悬浮的艺术空间，设计将文化产业空间、社区服务这些与城市交互频度较高的场所贴近街道布置，并于底层融入部分商业。这些空间组织自由、构成灵活，可适应未来多种变化，为激发美术馆的城市活力带来更多的可能。而基于对建筑与东侧高层居住区环境关系的考虑，设计特意于中部消解建筑的体量，使之通透开放，降低了环境间的阻隔感。结合使用需求，设计在此设置了公共的空中花园，它们不仅为美术馆和周边市民提供了一方具有场所特质的交往场所，也为相邻的住区和街道带去了流动的清风和畅朗的感受。

模型

西侧夜景

广场夜景

在场所中生成，也在场所中释放。

当建筑贴合着城市脉动，便会生发出暖暖的活力。

由此生成的空间架构，清晰明确地表达了建筑
的不同功能空间与城市的相互关系，相应地呈现出
上部单纯宁静、下部丰富活跃、中部通透友好的空
间样态，使美术馆的各功能空间各得其所地融入城
市的不同节律，最大限度地创造了美术馆与城市关
联互动的可能。

沿街夜景

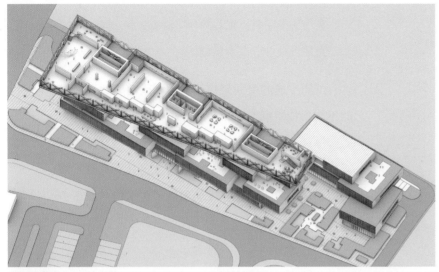

高区艺术空间层面

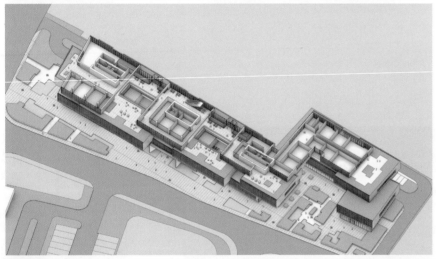

中区空中庭园层面

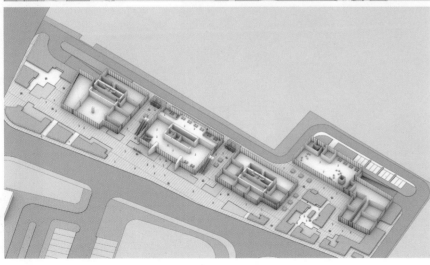

低区街道层面

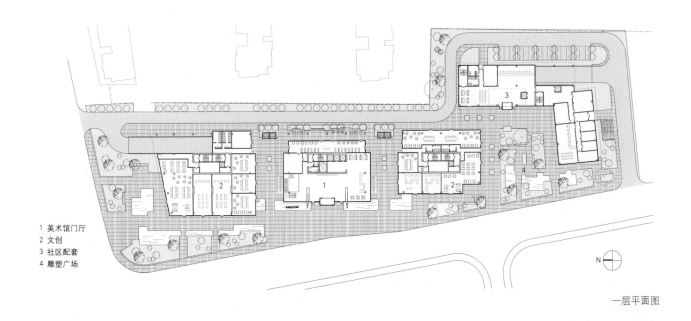

1 美术馆门厅
2 文创
3 社区配套
4 雕塑广场

N

一层平面图

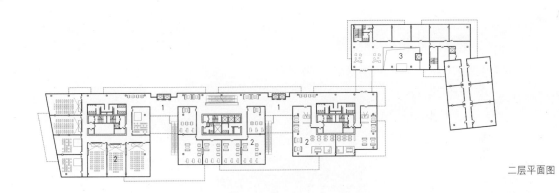

1 文创内街
2 文创
3 社区配套

二层平面图

1 文创内街
2 文创
3 社区配套
4 内庭上空
5 屋顶花园

三层平面图

西侧展廊

展廊端部空间

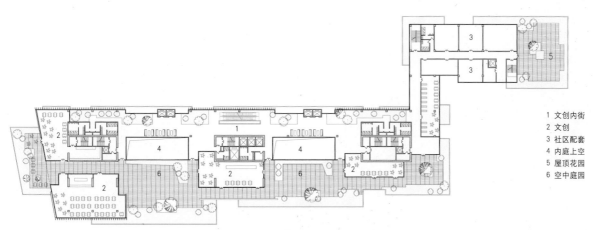

1 文创内街
2 文创
3 社区配套
4 内庭上空
5 屋顶花园
6 空中庭园

四层平面图

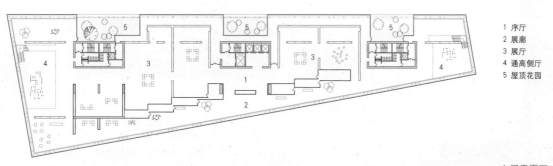

1 序厅
2 展廊
3 展厅
4 通高侧厅
5 屋顶花园

六层平面图

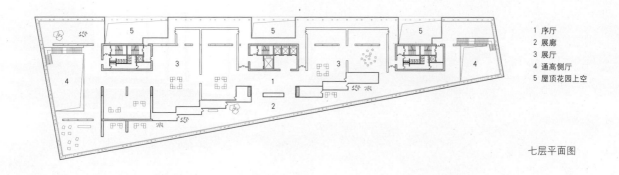

1 序厅
2 展廊
3 展厅
4 通高侧厅
5 屋顶花园上空

七层平面图

# 邢台大剧院
## XINGTAI OPERA HOUSE

地　　点：河北邢台
规　　模：57 382 ㎡
设计时间：2019 年

## 融入日常
### INTEGRATING INTO DAILY LIVES

　　大剧院常常被看作是一个城市或地区的标志性建筑，它们规模大、区位佳，多位于城市的核心地段，拥有良好的环境资源。然而，由于剧院建筑功能单一，服务时段、对象有限，使用频率低，再加上运营上的困境，使得较多剧院长期处于空置状态，在很大程度上失去了与城市日常活动的关联，成了一座座美丽却被人们绕行的孤岛。

　　还能再安于设计这样一座孤岛吗？

　　2019 年 3 月，我参与了由 CBC 建筑中心组织的邢台大剧院建筑设计国际竞赛。设计之初，就曾这样问自己。

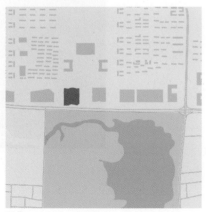
区位

大剧院的场地位于邢台市东部新城的核心区。场地的东侧是核心区的文化主轴，主轴的端部为市民中心，跨过主轴，另一侧是与大剧院遥相呼应的科技馆，三组建筑共同形成了一个组群。此外，场地周围布有较多的商务办公区和居住区，南面为美丽的园博园，它们为这一区域注入了活力与生气。

基于对场地周围环境的深入分析，设计以具有整体感的完形体量来回应场地，建立与周围建筑及环境良好而均衡的相互关系。为了呼应东侧文化主轴，同时引入南向园博园景观，设计将建筑中部的公共开放区域抬高至二层，并结合人流动线组织，向东、南两个方向敞开，形成既开放又具内聚力的场所——"文化客厅"。建筑围绕文化客厅呈环状布置，构成了外部完整单纯、内核自由丰富的布局形式，为大剧院吸纳城市活动创造了可能。

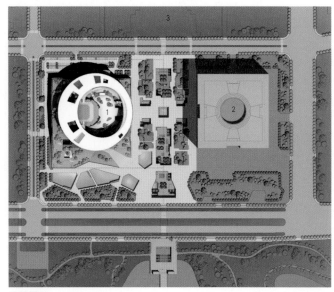

1 大剧院
2 科技馆
3 市民中心
4 园博园

总平面图

鸟瞰

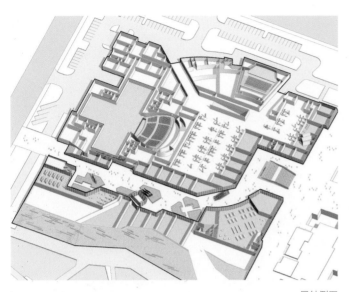

一层轴测图

二层轴测图

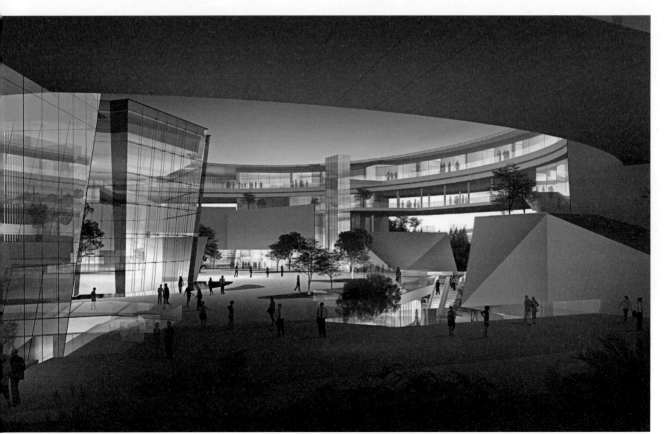

文化客厅

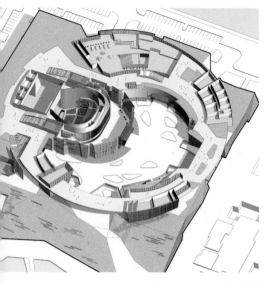

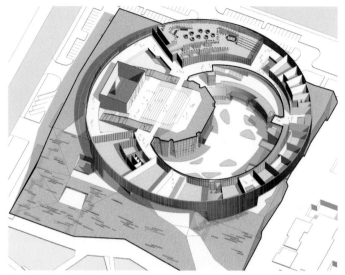

三层轴测图                                    四层轴测图

　　为了避免大剧院沦为美丽的孤岛，设计尽可能集约、紧凑地组织大剧院演艺场馆，以使这些日常使用率相对较低的场所尽量少地占用城市资源，留出更多的空间给城市日常。同时，围绕中部开放的文化客厅，设计于各层融入了城市空间和日常功能，使大剧院即便在没有演出的时候，也依然能生发城市活力。

　　大剧院的演艺场馆环文化客厅一侧紧凑布置。设计综合考虑国内剧院的运营状况和当地的实际需求，组织了1 400座的歌剧院、500座的小剧场、300座的多功能厅以及200座的报告厅，以合适的规模和多层级的配置，满足大剧院不同的演出和使用需求，也使它们在未来的运营中灵活可变和可持续。

　　由于各演艺场馆的主要空间被安排在二层，建筑底层的较多空间得以解放，设计通过沿街空间和商业内街的组织，融入较多的城市及社区服务功能，贴近城市生活。此外，围绕文化客厅，设计于各环形层面组织了小型影院、文创工坊、图书阅览、教育培训、健身锻炼等场所。它们交通流线便捷，可达性好，为市民的日常活动提供了多样的选择。

除了布局形式和功能组织，设计充分利用景观资源优势，最大限度地将远处园博园的景观，场地内的水面、绿坡引入文化客厅，并于其间营造出生机盎然、层次丰富又具趣味的场所空间。文化客厅连接着演艺场馆，也贯通着大剧院上下各层公共空间。有演出的时候，这里是节庆般的汇聚地，人们在此相约相聚，谈事论艺，笑语欢声。日常间，这里是城市活动的舞台，年轻人在此聚会活动，老年人在此闲话家常，孩子们在此穿梭玩耍，空间中充满生气。环文化客厅上行，是串接着不同功能空间的环形敞廊，人们徜徉其间，如同置身于多变的城市街道，随心所欲，自在愉悦。沿环廊上行，可至环状露天剧场，在那里，人们或歌或舞，自由放飞。

最让人感到惬意的，是文化客厅南向的观景绿坡。这里面向园博园，视野开阔，景色优美。阳光灿烂的日子，人们在此相约相会，闲倚散坐，沐浴阳光，享受美景。

这还是一座大剧院吗？

是的。

想来，这是一座呈现城市生活的大剧院。

她不再是美丽的孤岛，而是一座城市，一个充满生机的世界。

当然，她也是美丽的。

纵剖面图（a—a剖面图）

## 补叙

方案设计投标阶段设置了中期汇报评审环节。那天，我们的设计团队排在最后一个汇报。汇报结束后，轮到评审专家发表意见。原以为专家们会针对方案设计提出一些问题，不想却是另一番情景。

"今天听了几个方案后，有一种很矛盾的心态，到底什么是好的方案？什么是合适我们的？我倒是觉得这个方案挺适合我们邢台，包括这样一种分散式的布局方式、功能的设置，更像是一个文化宫。多元的功能，使得建筑在使用效率、运营和未来的功能转换或改造方面，都存在着巨大的可能性。"

"采用内街式、日常性的设置方式对于将来大剧院的运营有很大的好处。方案不单纯突出大剧院的城市形象，更多是考虑日常的使用对我们城市的作用，这是这个方案很重要的可取之处。"

"所以，我们到底是要一个'高大上'的剧院？还是要一个混合型的文化中心，一个带有剧院功能的、小的综合体？我觉得这个方案给了我们一个很好的思路，值得我们思考。"

一个不同思路的方案设计能激起共鸣，引发思考，真是幸事，其意义超越设计本身。

横剖面图（b—b 剖面图）

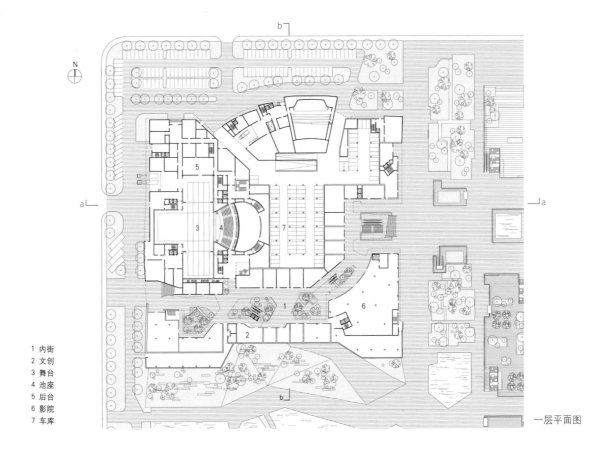

1 内街
2 文创
3 舞台
4 池座
5 后台
6 影院
7 车库

一层平面图

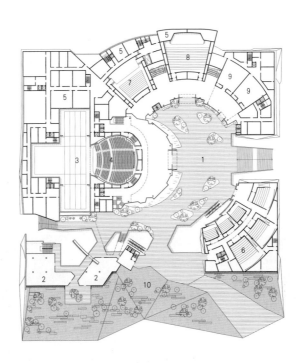

1 文化客厅
2 文创
3 舞台
4 池座
5 后台
6 影院
7 多功能厅
8 小剧场
9 实验剧场
10 观景草坡

二层平面图

1 文化客厅上空
2 文创
3 舞台上空
4 观众厅
5 后台
6 大厅上空
7 多功能厅上空
8 小剧场上空
9 艺术摄影
10 观景草坡

三层平面图

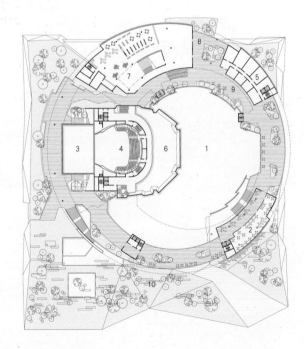

1 文化客厅上空
2 咖啡吧
3 舞台上空
4 观众厅
5 艺术培训
6 大厅上空
7 图书馆
8 观景平台
9 环廊
10 观景草坡

四层平面图

# 东台展示馆
## DONGTAI PLANNING EXHIBITION HALL

地　　点：江苏东台
规　　模：15 000 m²
设计时间：2008 年
建成时间：2010 年

　　项目位于东台市市民广场南侧，由城市规划馆和文博馆两部分组成。该项目是广场南部唯一的建筑，因此，如何通过设计建立广场南部完整的建筑界面，并在此基础上建立城市与广场在空间上的联系，同时通过大尺度的环境空间逐渐过渡到建筑内部展示空间等，都是设计需要解决的问题。

　　展示馆通过"一"字形的简洁形式，界定出北部的广场空间，并在中部设置高敞的通透空间联系城市与广场，吸引城市活动，同时，由此组织两馆的主入口，形成两馆公共空间的有机联系。设计结合内部空间，于外表皮设计了具有传统窗棂意象的格构界面，它们既可以遮挡夏季直射的阳光，也为市民广场营造出亲切怡人的整体氛围。

区位

局部

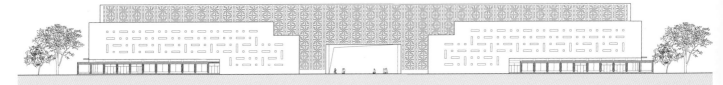

南立面图

1 大厅
2 通廊
3 公共展厅
4 多媒体
5 接待室
6 临展
7 文化展厅
8 影视厅

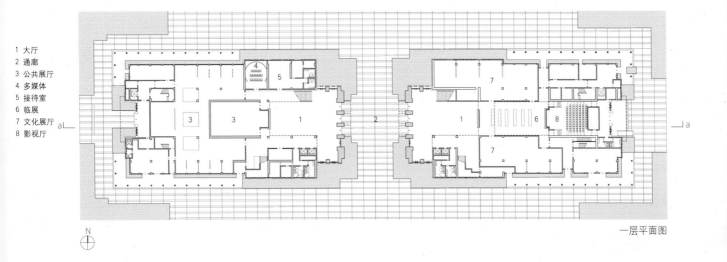

一层平面图

N

1 大厅上空
2 通廊上空
3 规划展厅
4 研讨室
5 文化展厅

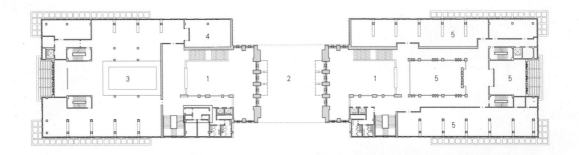

二层平面图

1 大厅
2 文化展厅
3 规划展厅

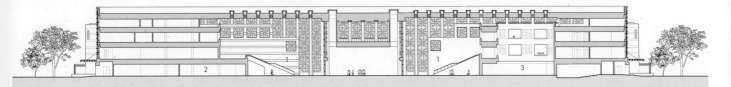

a—a 剖面图

面湖平台

入口平台

# 东台广电文化艺术中心
## DONGTAI BROADCASTING CULTURAL CENTER

地　　点：江苏东台
规　　模：140 296 m²
设计时间：2011 年
建成时间：2014 年

东台广电文化艺术中心项目是集大剧院、地方剧团、美术馆、文化馆、展览馆、文化广场、文化休闲、配套商业服务等功能于一体的建筑群。

设计致力于营造新区具有归属感和场所感的城市公共空间，充分注重与城市环境的整体关系，使之既与整个核心区环境相互协调，又与东湖景观区形成良好的互动和融合。

设计结合沿湖景观，于二层平台设置了开放的城市活动场所，同时通过底层的商业内街与沿湖敞廊，融入了满足市民日常需求的城市功能，以增加建筑及东湖东岸的场所活力。

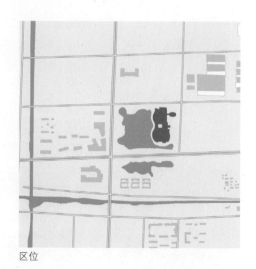

区位

平台东望

局部

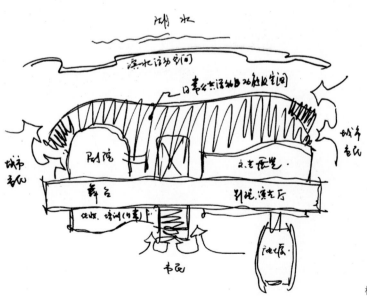

概念草图

# 河北大剧院
## HEBEI OPERA HOUSE

地　　点：河北石家庄
规　　模：74 500 m²
设计时间：2016 年

　　河北大剧院坐落于石家庄市中心区，其功能主要包括歌剧院、音乐厅、小剧场以及文化配套设施。演艺场馆围绕中心文化活动广场展开，并于建筑的北面和东面向城市敞开，形成公共开放且与城市空间相互融合的布局形式。

　　根据剧院建筑的特点，设计将公共活动空间分为两个层面，即：直接连接城市街道的文化广场和二层的文化活动平台。二层的文化活动平台串接起三个演艺场馆，为文化活动提供了开放的公共空间。围绕连接城市街道的文化广场，设置了文化展示、艺术沙龙、咖啡简餐、书店等文化及配套服务功能。这些功能空间与演艺厅紧密联系，既能为演艺活动服务，又能为文化广场的活动人群提供必要的活动支持，弥补了大剧院非演出时段活力不足的缺憾，增加了大剧院的日常使用效能，也提升了场所的城市活力。

区位

模型

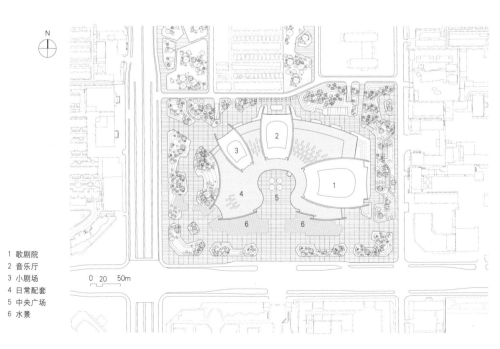

1　歌剧院
2　音乐厅
3　小剧场
4　日常配套
5　中央广场
6　水景

0  20    50m

总平面图

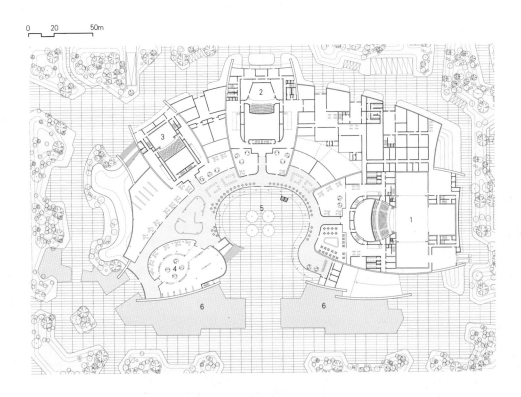

0    20    50m

1 歌剧院
2 音乐厅
3 小剧场
4 日常配套
5 中央广场
6 水面

一层平面图

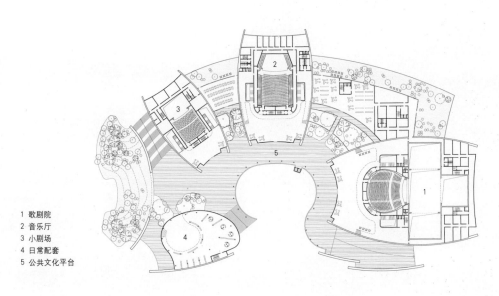

1 歌剧院
2 音乐厅
3 小剧场
4 日常配套
5 公共文化平台

二层平面图

# 程十发美术馆
## CHENG SHIFA ART MUSEUM

地　　点：上海
规　　模：11 000 m²
设计时间：2017 年

　　程十发美术馆位于上海市长宁区虹桥路
与伊犁南路交叉口。基地东邻伊犁南路，北
靠虹桥路，并与郁郁葱葱的新虹桥中心公园
隔路相望，具有较好的景观资源。由于基地
南侧及西侧为尺度巨大的高层建筑物，对场
地形成了一定的限制。在这样的环境中，如
何结合场地的景观优势，规避西、南侧高层
建筑的不利影响，以呈现一座具有场所特质
的美术馆建筑，是本案例设计的重点。

　　为了使美术馆布局形式具有较好的整体
品质，设计充分利用新虹桥公园的景观资源，
将其结合基地北侧的城市绿带，延伸入场地
的北部和东部。同时，结合展览空间与公共
空间的需求，将建筑体量以适宜的尺度化整
为零，围绕庭院及景观空间进行组织，形成
了既与景观环境相融合，又能与周围大尺度
的建筑体量形成鲜明对比的布局形式，也契
合了程十发美术馆的场所文化特质。此外，
设计将美术馆的主入口设于富有阳光又相对

区位

1 美术馆
2 公园
3 超高层办公
4 高层公寓

总平面图

宁静的建筑东侧，并结合景观，于基地东北部道路交叉口引入一条静雅的步行小径，使城市空间与美术馆之间建立起富有文化意味的空间过渡和心理过渡。

程十发的故乡位于上海西南郊的古邑松江。松江乃园林荟萃之地，风景秀美，儿时环境对他的艺术创作产生了深远影响。设计结合博物馆空间功能，将展览空间围绕庭院空间进行组织，在起承转合、步移景异中创造了宛如中国传统园林的空间氛围。同时，设计将建筑公共空间沿视线较开放、景观较好的东侧及北侧景观水面及绿带公园自由展开，为参观者营造了一处具有吸引力的交往互动场所。

美术馆的核心功能空间为展厅，设计结合基地特点与总体布局，将其沿基地南侧及

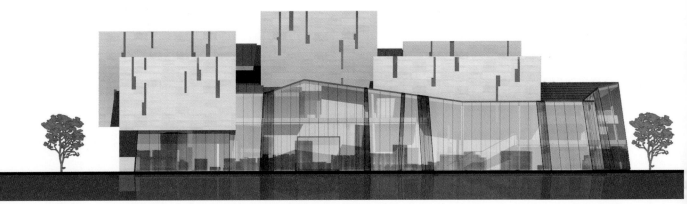

东立面图

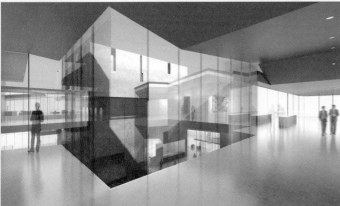

局部

北立面图

西侧布置在建筑一、二层，并围绕院落空间组织观展流线。观展流线既连续完整，又富有文化氛围。参观完展览后，参观者可漫步至北侧的公共空间，这里景色宜人、环境优雅，是人们休憩交往的理想场所。此外，展品的货流由基地南侧进入，展品既能经由专用货梯进入顶层库房，也能直达临时展厅，流线便捷。办公研究区设置在基地西南边，流线相对独立。

美术馆的形象虚实交融，兼具整体性与灵动感。错落有致的实体，犹如一只只珍藏着瑰宝的宝盒，将程十发特有的笔墨与色彩尽收其中。而宝盒周围自由连续的折面又仿佛隐隐应和着画家笔下抑扬顿挫、自由灵动的特有线条，轻轻地界定出亲切的公共空间。它们与平静的景观水面交相映照，吸引人们进入其中，相会、交流，一览画家的精品妙作。

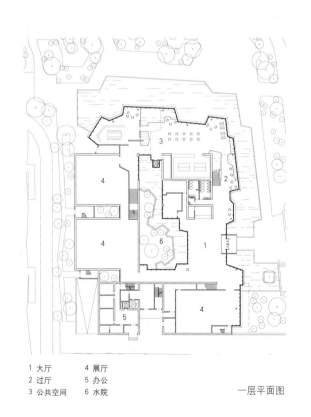

| | | | |
|---|---|---|---|
| 1 大厅 | 4 展厅 |
| 2 过厅 | 5 办公 |
| 3 公共空间 | 6 水院 |

一层平面图

| | | | |
|---|---|---|---|
| 1 休息厅 | 5 档案研究 |
| 2 过厅上空 | 6 报告厅上空 |
| 3 咖啡吧 | 7 水院上空 |
| 4 展厅 | |

二层平面图

模型

东侧入口夜景

# 人 · 历史记忆
PEOPLE AND HISTORICAL MEMORY

　　城市就像一本无字书，自遥远的过去，一页页地呈现至今，述说着故事。书中每一页都不一样，每一页又都仿佛是半透明的。它们显现着新旧页面叠加的景物，也呈现着当今及过往的场景、片段、记忆和线索，满足人们永远的好奇：我们从哪里来，我们曾经是怎样的？因此，在这本无字书中，我们既不该撕去旧有的页面，也不能将新页面当作一张白纸加以描绘，替代或遮蔽既有的历史信息。只有直观地呈现今昔，才有可能让真实的记忆浮现，并带出其中绵延的历史与文化。

南京博物院二期扩建工程
NANJING MUSEUM PHASE Ⅱ

苏州大新桥巷历史建筑保护与更新
PRESERVATION AND RENEWAL OF SUZHOU DAXINQIAO ALLEY

# 南京博物院二期扩建工程
## NANJING MUSEUM PHASE II

地　　点：江苏南京
规　　模：84 655 m²
设计时间：2008 年

## 当建筑成为背景
### BUILDING AS THE BACKGROUND

这是一个设计征选入围方案。

时值南京博物院二期扩建工程最后一次方案设计征选。

这里记录的是方案设计过程中有关历史场所的一些思考。

南京博物院位于中山门明城墙西部，南侧贴临中山路，始建于 20 世纪 30 年代末，当时的建筑群设计方案采用的是著名建筑师徐敬直的作品。该方案结合南北主轴，呈"L"形布局，由位于主轴线北端的人文馆和主轴线西侧的工艺馆、自然馆三馆构成。三馆均为平屋顶形式，唯独正对入口主轴的人文馆前部大殿采用了大屋顶形式。建筑群布局主体突出，整体均衡。后来限于时局，三大馆中仅建造了主轴北端的人文馆，即南京博物院现在的历史馆。

区位

1 人文馆
2 工艺馆
3 自然馆

20 世纪 30 年代方案设计总平面

1 历史馆大殿
2 历史馆
3 艺术馆

20 世纪 90 年代加建后实景

0 世纪 30 年代方案鸟瞰

0 世纪 90 年代加建方案

自中山路经由博物院主入口进入场地，便进入了博物院的主轴空间，在此，人们会被位于主轴北端的历史馆大殿沉静的形象所吸引。这座建成于 20 世纪 40 年代的仿辽代式样的大殿，位居场所环境中最具控制力的位置，它形态舒朗、比例完美、色彩典雅，在远处朦胧的紫金山脉的映衬下，显得古朴而端庄。近一个世纪以来，它承载着人们的历史记忆，成为南京博物院的象征。如今，这座历史馆大殿，无疑仍是博物院的主体，是设计最需要凸显的对象。

在主轴空间的西侧，是横向展开的艺术馆，艺术馆北端贴临二期新馆的场地，也是新馆介入场地的重要限定。倘若借鉴原初徐敬直的群体设计，将整个西侧两组建筑作为一个单纯的整体来考虑，会是凸显博物馆主轴空间及历史馆大殿的上佳选择。但是，这座 20 世纪 90 年代建造的艺术馆，现状却为大屋顶形式，故在实际场所环境的感受中，有喧宾夺主之感——主轴上的历史馆大殿位于主导空间尽端，是以立面般的完整形象呈现于人们的视野；而艺术馆靠近主导空间前侧，则是以成角度的观感进入人们的视域，加上透视原因，显得体量较大。对比原初的群体设计方案，这样的形式在某种程度上打破了场地布局应有的均衡，削弱了以历史馆作为场所主导的整体感。

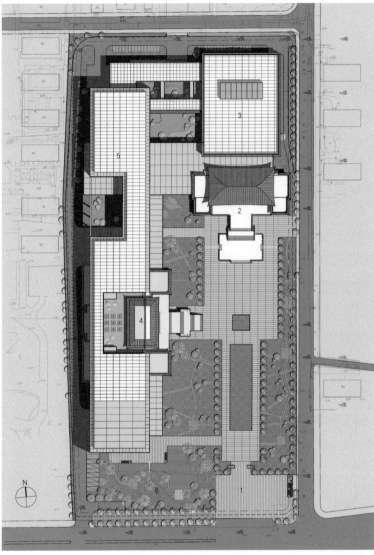

1 入口广场
2 已建历史馆大殿
3 已建历史馆
4 已建艺术馆
5 特展馆（新馆）
5 既有林地

0　20　　50m

总平面图

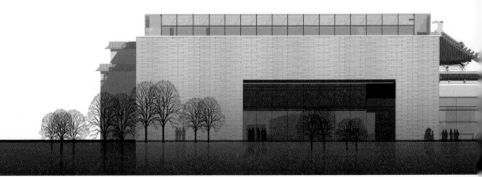

因此，如何减轻或化解这些不利影响，将是新建筑介入场地时的重要设计内容。

是以全新的形式改造艺术馆，
使西侧建筑形成一个新的整体，
还是保留艺术馆带给人的记忆，
结合新馆的设计对其加以整合以呈现有序的历史场所？

方案选择了后者。

艺术馆作为一期扩建项目，是当时江苏省的标志性工程，也是博物院建设历程的重要构成，也是南京博物院历史记忆中不可或缺的部分。因此，尊重不同历史时期形成的建成环境，并通过新建建筑恰切地介入和整合，以完整呈现历史的演进，或许是更有意义的选择。

方案借鉴徐敬直设计中以西侧平直的形式来凸显主轴大殿的设计思路，以背景化的语言，整体组织西侧建筑，并通过轻透的连接体与历史馆主大殿连成整体。在此基础上，方案结合新馆的功能及流线关系，保留并整合艺术馆，于西侧形成新旧并置、形态单纯的整体界面。为了使这一含有历史记忆的西侧"背景"成为历史场所的有机组成，设计具体从四个方面入手。

南立面图

其一，以简洁的形式和与环境相匹配的材料呼应东侧中山门明城墙，建立西侧建筑与周边历史环境的关联与对话；

其二，根据建筑与主轴空间及历史馆的关系，控制新建筑的层数、高度，使整个西侧建筑高度低于历史馆大殿，以此凸显历史馆于主轴空间中的主导地位；

其三，保留并利用艺术馆原有的主入口空间作为西侧建筑的主入口，延续该场所空间的历史记忆；

其四，有控制地呈现艺术馆最具记忆特征的形象，通过新建建筑界面的引入，使艺术馆立面般地镶嵌于西部的建筑界面中，既弱化了艺术馆的体量感，又留存了艺术馆建筑形象的场所记忆。

方案试图以这样一种背景化的弱介入方式，强化南京博物院的主轴空间和整体感，同时呈现其发展历程和在人们心目中的历史记忆，烘托其作为历史场所的空间氛围。

入口广场北望

20 世纪 90 年代建造的艺术馆

20 世纪 90 年代建造的艺术馆

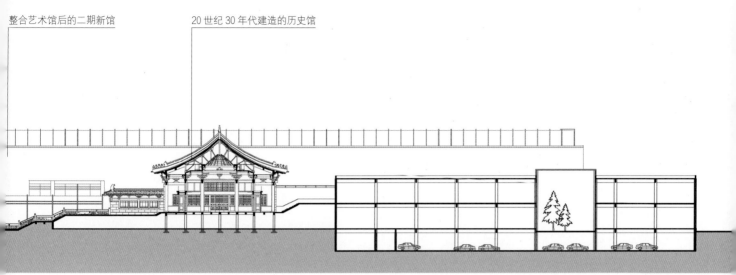

整合艺术馆后的二期新馆　　　　　20 世纪 30 年代建造的历史馆

南北纵向剖面图

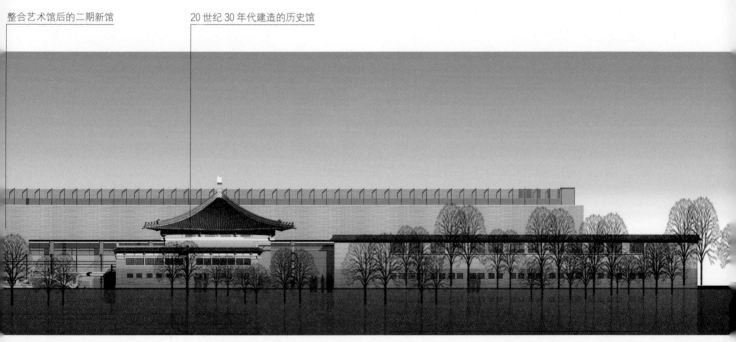

整合艺术馆后的二期新馆　　　　　20 世纪 30 年代建造的历史馆

东立面图

# 苏州大新桥巷
# 历史建筑保护与更新
PRESERVATION AND RENEWAL OF SUZHOU DAXINQIAO ALLEY

地　　点：江苏苏州
规　　模：2 690 m²
设计时间：2020 年

## 有限介入，以"空"激活场所
LIMITED INTERVENTION TO ACTIVATE
THE SITE

区位

　　大新桥巷 25 号、26 号、27 号传统院落住宅位于苏州平江历史文化街区核心保护区内，南临新桥河，属于控制性保护及修复建筑。根据任务书要求，三组住宅须按照规划要求进行修复，突出风貌特点和文化内涵，同时要求满足沿河民宿或优租住宅的功能需求，并鼓励创新性设计。

　　现状的三组宅院，均是以一二层砖木结构为主的典型苏州清代传统民居，由于历史原因，20 世纪 50 年代后逐渐迁入几十户人家，导致宅院内改扩建严重，檐廊院落被占用，居住环境拥挤破败。现大多数住户已外迁。

25 号　　　　　26 号　　　　　27 号

现状鸟瞰

25 号　　　　　26 号　　　　　27 号

现状平面图

总平面图

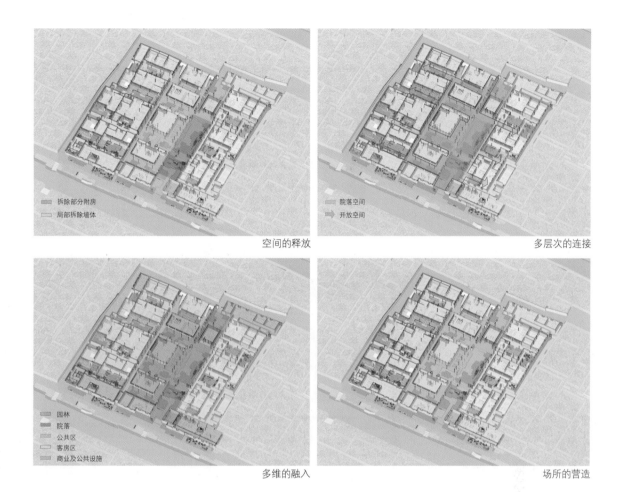

空间的释放

多层次的连接

多维的融入

场所的营造

设计依循苏州传统居住建筑的基本特点，以保护宅院的基本形制、结构形式、特色要素以及建筑风貌为原则，通过更新手段的有限介入，激活地块及传统宅院空间，让当代生活得以在此延续，让传统民居真正得到有效的保护与利用。

设计主要从空间的释放、多层次的连接、多维的融入和场所的营造四个方面着手，进行有限度地更新介入。

空间的释放：局部拆除破坏或遮蔽原有建筑形制及空间的后期搭建部分，恢复原有院落、檐廊、天井，呈现各宅院的基本格局、特色要素等历史信息；局部拆除中部宅院东侧后加建的部分附房，以释放出空间作为公共开放的庭院；消解中部宅院正厅及其东侧备弄的封闭界面，将它们向庭院空间开放，同时将东侧备弄向东侧宅院的院落打开，形成以中部宅院、庭院为公共活动中心、以东西两侧宅院为旅居部分的布局

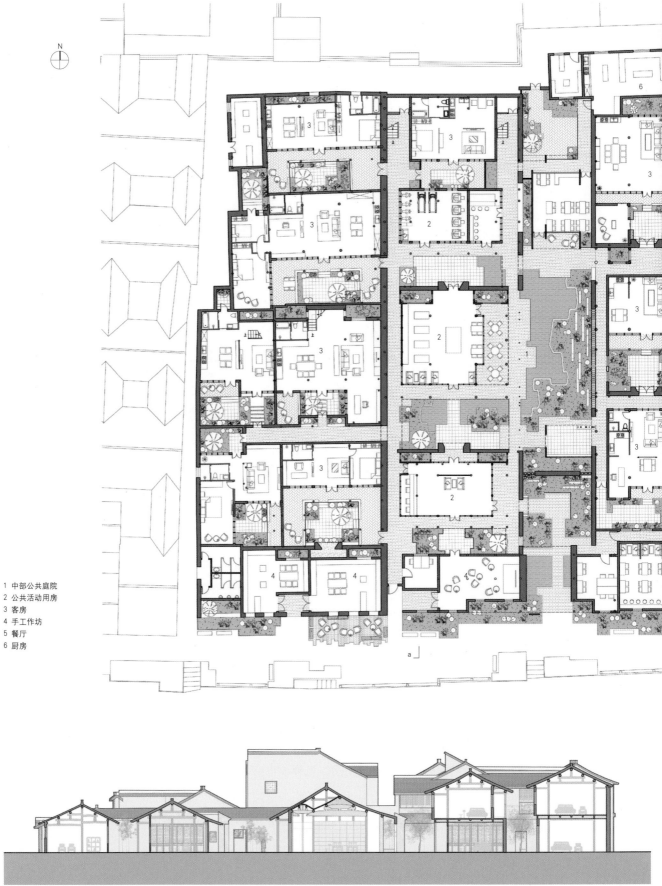

1 中部公共庭院
2 公共活动用房
3 客房
4 手工作坊
5 餐厅
6 厨房

a—a 剖面图

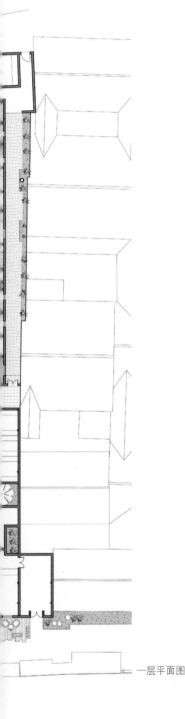

一层平面图

形式。

多层次的连接：设计利用中部宅院建筑两侧的备弄，建立中部公共空间与两侧各院落单元之间的便捷联系，同时建立各院落与周围客房间的密切联系；考虑到中部的公共空间也能向城市开放，提供日常使用，设计将它们贯通地块南北，并与南北街巷空间相连接，增加其通达性。多层次的连接为激活场所内外创造了良好的条件，也为适应未来使用方式的变化带来了可能。

多维的融入：为延续苏州地方特点，设计结合东西两侧各院落单元，融入具有家园感的旅居生活；结合中部的厅、堂空间融入公共交往、服务功能；结合公共开放区域，融入江南园林。由此形成了可游、可居、可交往，且层次丰富、曲折有致的生活与活动场所；此外，设计结合沿河空间界面，融入城市日常功能，提升沿河街道的活力。

场所的营造：设计充分利用三组宅院建筑的院落、天井、檐廊、备弄、门楼、古井等构成要素，营造传统与当代生活交融的场所。尺度亲切的入口空间，疏朗宜人的廊边庭园，依院面庭的小厅、高堂，惬意自在的客居小院，闲适温暖的檐廊，饶有趣味的窄弄，以及让人抚今忆昔的门楼、天井……它们延续传统、传达记忆，也拥抱当代生活，凸显独特而富有生气的环境特质。

b—b 剖面图

二层平面

中部园林东立面图

局部

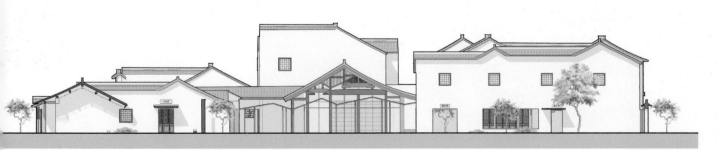

中部园林西立面图

# 附录
## APPENDIX

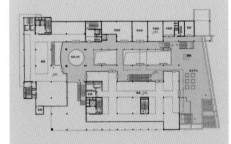

**项目名称：**萧山绣衣坊商业街
**项目地点：**浙江，杭州
**项目主创：**王幼芬
**建筑设计：**王幼芬、孙映湖、夏胜天、高立民、卢忠
**合作单位：**杭州市建筑设计院、萧山建筑设计院
**建筑面积：**15 640 m²
**设计时间：**1988 年
**项目状态：**1991 年竣工
**项目荣誉：**入选英国出版的世界权威建筑通史《弗莱彻建筑史》20 版，被称为"地方文化与现代特色巧妙结合的实例"
全国青年建筑杯优秀奖
浙江省优秀设计奖一等奖
杭州市优秀工程设计奖一等奖

**项目名称：**余姚阳明商城
**项目地点：**浙江，余姚
**项目主创：**王幼芬
**建筑面积：**28 412 m²
**设计时间：**1989 年
**项目状态：**1991 年竣工

**项目名称：**杭州香榭大厦
**项目地点：**浙江，杭州
**项目主创：**王幼芬
**建筑设计：**王幼芬、何海
**建筑面积：**25 000 m²
**设计时间：**1991 年
**项目状态：**1993 年竣工

**项目名称：**浙江省农资公司大厦
**项目地点：**浙江，杭州
**项目主创：**王幼芬
**建筑面积：**6 000 m²
**设计时间：**1991 年
**项目状态：**1993 年竣工

**项目名称：**中国四季青服装交易中心
**项目地点：**浙江，杭州
**项目主创：**王幼芬
**建筑设计：**王幼芬、殷建栋、陈悦、张朋君、崔雪刚、杨振宇、李敬辉、谢维、谢曦、马量、孔琪、严彦舟、骆晓怡
**建筑面积：**526 354 m²
**设计时间：**2003 年
**项目状态：**2008 年竣工

**项目名称：**台州科技馆
**项目地点：**浙江，台州
**项目主创：**王幼芬
**建筑设计：**王幼芬、吴妮娜、严彦舟、杨涛、张朋君、叶俊、单晓宇、骆晓怡
**建筑面积：**23 483 m²
**设计时间：**2005 年
**项目状态：**2017 年竣工

**项目名称：**吴山博物馆
**项目地点：**浙江，杭州
**项目主创：**王幼芬
**建筑设计：**王幼芬、马量、谢维、石蔚天
**建筑面积：**6 082 m²
**设计时间：**2005 年
**项目状态：**2010 年竣工
**项目荣誉：**2007 年第四届中国威海国际建筑设计大奖赛银奖
2013 年中国建筑设计奖（建筑创作）金奖
2009—2019 年中国建筑学会建筑设计奖建筑创作大奖
2013 年全国优秀工程勘察设计行业奖建筑工程一等奖
2012 年浙江省建设工程钱江杯奖（优秀勘察设计）一等奖
2021 年第三届环球地产设计大奖城市文化推动奖

**项目名称：**千岛湖雷迪森度假酒店
**项目地点：**浙江，淳安
**项目主创：**王幼芬
**建筑设计：**王幼芬、殷建栋、谢维、严彦舟、骆晓怡、周焱鑫
**建筑面积：**39 371 m²
**设计时间：**2006 年
**项目状态：**施工中

**项目名称：** 阜宁三馆
**项目地点：** 江苏，阜宁
**项目主创：** 王幼芬
**建筑设计：** 王幼芬、严彦舟、唐晖、王大鹏、柴敬
**建筑面积：** 16 076 ㎡
**设计时间：** 2007 年
**项目状态：** 概念方案

**项目名称：** 南京博物院二期扩建工程
**项目地点：** 江苏，南京
**项目主创：** 王幼芬
**建筑设计：** 王幼芬、谢维、骆晓怡、叶俊
**建筑面积：** 84 655 ㎡
**设计时间：** 2008 年
**项目状态：** 概念方案

**项目名称：** 浙江旅游展示中心
**项目地点：** 浙江，杭州
**项目主创：** 王幼芬
**建筑设计：** 王幼芬、殷建栋、谢维、严彦舟、骆晓怡
**建筑面积：** 23 260 ㎡
**设计周期：** 2008 年
**项目状态：** 2017 年竣工
**项目荣誉：** 2010 年第五届中国威海国际建筑设计大奖赛铜奖
2019—2020 年建筑设计奖公共建筑三等奖
2018 年浙江省建设工程钱江杯（优秀勘察设计）三等奖
2018 年杭州市建设工程西湖杯（优秀勘察设计）一等奖

**项目名称：** 无锡市新中医院
**项目地点：** 江苏，无锡
**项目主创：** 王幼芬
**建筑设计：** 王幼芬、殷建栋、谢维、严彦舟、骆晓怡、徐勤力
**建筑面积：** 128 682 ㎡
**设计时间：** 2008 年
**项目状态：** 概念方案

**项目名称：** 东台展示馆
**项目地点：** 江苏，东台
**项目主创：** 王幼芬
**建筑设计：** 王幼芬、谢维、杨振宇、严彦舟
**建筑面积：** 15 000 ㎡
**设计时间：** 2008 年
**项目状态：** 2010 年竣工
**项目荣誉：** 2012 年杭州市建设工程西湖杯（优秀勘察设计）一等奖 、2013 年浙江省建设工程钱江杯奖（优秀勘察设计）综合工程一等奖

**项目名称：** 长沙星沙文化中心
**项目地点：** 湖南，长沙
**项目主创：** 王幼芬
**建筑设计：** 王幼芬、谢维、严彦舟、骆晓怡、单晓宇、叶俊、李士铭
**建筑面积：** 98 000 ㎡
**设计时间：** 2009 年
**项目状态：** 概念方案

**项目名称：** 龙岩美食城
**项目地点：** 福建，龙岩
**项目主创：** 王幼芬
**建筑设计：** 王幼芬、黄斌毅、严彦舟、谢维、骆晓怡、周焱鑫、叶俊
**合作单位：** 中国建筑上海设计研究院有限公司
**建筑面积：** 220 000 ㎡
**设计时间：** 2010 年
**项目状态：** 2014 年竣工
**项目荣誉：** 2015 年杭州市建设工程西湖杯（优秀勘察设计）二等奖
2015 年浙江省建设工程钱江杯奖（优秀勘察设计）综合工程三等奖

**项目名称：** 东台建设大厦
**项目地点：** 江苏，东台
**项目主创：** 王幼芬
**建筑设计：** 王幼芬、严彦舟、曾德鑫、孙铭
**建筑面积：** 29 445 ㎡
**设计时间：** 2010 年
**项目状态：** 2013 年竣工
**项目荣誉：** 2015 年杭州市建设工程西湖杯（优秀勘察设计）三等奖

项目名称：宁波梁祝文化产业园
项目地点：浙江，宁波
项目主创：王幼芬
建筑设计：王幼芬、谢维、严彦舟、骆晓怡
建筑面积：69 200 m²
设计时间：2010 年
项目状态：概念方案

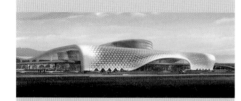

项目名称：杭州南站
项目地点：浙江，杭州
项目主创：王幼芬
建筑设计：王幼芬、谢维、严彦舟、骆晓怡、曾德鑫、
周焱鑫
建筑面积：140 000 m²
设计时间：2010 年
项目状态：概念方案

项目名称：港瑞新天地
项目地点：浙江，瑞安
项目主创：王幼芬
建筑设计：王幼芬、谢维、严彦舟、骆晓怡
建筑面积：56 267 m²
设计时间：2011 年
项目状态：概念方案

项目名称：宣城规划展览馆
项目地点：安徽，宣城
项目主创：王幼芬
建筑设计：王幼芬、谢维、严彦舟、骆晓怡、孙铭
建筑面积：19 450 m²
设计时间：2011 年
项目状态：概念方案

项目名称：章丘文博中心
项目地点：山东，章丘
项目主创：王幼芬
建筑设计：王幼芬、严彦舟、骆晓怡、谢维、江丽华、
周焱鑫、崔雪刚
合作单位：山东华盛建筑设计研究院
建筑面积：140 600 m²
设计时间：2011 年
项目状态：2016 年竣工
项目荣誉：2013 年世界华人建筑师提名奖

项目名称：东台广电文化艺术中心
项目地点：江苏，东台
项目主创：王幼芬
建筑设计：王幼芬、严彦舟、骆晓怡、江丽华、古振强、
周焱鑫、朱祯毅、孙铭、黄斌、 祝狄烽、
曾德鑫、李聪
建筑面积：140 296 m²
设计时间：2011 年
项目状态：2014 年竣工
项目荣誉：2017 年全国优秀工程勘察设计行业奖二
等奖、2017 年浙江省建设工程钱江杯奖（优秀勘察
设计）综合工程二等奖、2017 年杭州市建设工程西
湖杯奖（优秀勘察设计）一等奖

项目名称：下沙科文中心
项目地点：浙江，杭州
项目主创：王幼芬
建筑设计：王幼芬、严彦舟、周焱鑫、江丽华、刘翔华、
骆晓怡、孙铭、古振强、朱祯毅、祝狄烽
建筑面积：68 500 m²
设计时间：2012 年
项目状态：概念方案

项目名称：下沙大剧院
项目地点：浙江，杭州
项目主创：王幼芬
建筑设计：王幼芬、严彦舟、周焱鑫、江丽华、刘翔华、
骆晓怡、孙铭、古振强、朱祯毅、祝狄烽、
宋子雨、纪圣霖、李嘉蓉
建筑面积：44 142 m²
设计时间：2012—2018 年
项目状态：2023 年竣工

项目名称：金温线一丽水站
项目地点：浙江，丽水
项目主创：王幼芬
建筑设计：王幼芬、严彦舟、孙铭、曾德鑫、陈鑫、
王璧君、刘聪
建筑面积：8 000 m²
设计时间：2012 年
项目状态：概念方案

**项目名称：** 金温线—缙云西站
**项目地点：** 浙江，缙云
**项目主创：** 王幼芬
**建筑设计：** 王幼芬、严彦舟、孙铭、曾德鑫、陈鑫、
　　　　　　王璧君、刘聪
**建筑面积：** 5 000 ㎡
**设计时间：** 2012 年
**项目状态：** 概念方案

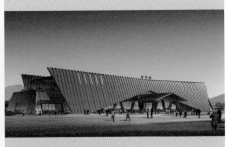

**项目名称：** 金温线—金华南站
**项目地点：** 浙江，金华
**项目主创：** 王幼芬
**建筑设计：** 王幼芬、严彦舟、孙铭、曾德鑫、陈鑫、
　　　　　　王璧君、刘聪
**建筑面积：** 6 000 ㎡
**设计时间：** 2012 年
**项目状态：** 概念方案

**项目名称：** 金温线—永康南站
**项目地点：** 浙江，永康
**项目主创：** 王幼芬
**建筑设计：** 王幼芬、严彦舟、骆晓怡、孙铭、曾德鑫、
　　　　　　陈鑫、王璧君、刘聪、周亚盛
**建筑面积：** 12 000 ㎡
**设计时间：** 2012 年
**项目状态：** 2015 年竣工

**项目名称：** 金温线—武义北站
**项目地点：** 浙江，武义
**项目主创：** 王幼芬
**建筑设计：** 王幼芬、严彦舟、孙铭、陈立国、江丽华、
　　　　　　曾德鑫、陈鑫、王璧君、刘聪
**建筑面积：** 4 969 ㎡
**设计时间：** 2012 年
**项目状态：** 2015 年竣工

**项目名称：** 东台消防派出所边防
**项目地点：** 江苏，东台
**项目主创：** 王幼芬
**建筑设计：** 王幼芬、严彦舟、江丽华
**建筑面积：** 13 091 ㎡
**设计时间：** 2012 年
**项目状态：** 2013 年竣工

**项目名称：** 福建青水畲族风情广场
**项目地点：** 福建，青水
**项目主创：** 王幼芬
**建筑设计：** 王幼芬、严彦舟、骆晓怡、孙铭
**建筑面积：** 8 947 ㎡
**设计时间：** 2012 年
**项目状态：** 概念方案

**项目名称：** 东台城投大厦
**项目地点：** 江苏，东台
**项目主创：** 王幼芬
**建筑设计：** 王幼芬、陈昱、骆晓怡、祝狄烽、严彦舟、
　　　　　　江丽华、朱祯毅
**建筑面积：** 44 386 ㎡
**设计时间：** 2012 年
**项目状态：** 2019 年竣工
**项目荣誉：** 2017 年全国优秀工程勘察设计行业奖二
等奖

**项目名称：** 东台新能源研发中心
**项目地点：** 江苏，东台
**项目主创：** 王幼芬
**建筑设计：** 王幼芬、谢维、刘辉瑜、王忠杰、李聪、李照、
　　　　　　裴昉、崔雪刚、张天钧、宋一鸣、庄允锋
**建筑面积：** 42 300 ㎡
**设计时间：** 2012 年
**项目状态：** 2013 年竣工

**项目名称：** 中国国家画院扩建工程
**项目地点：** 北京
**项目主创：** 王幼芬
**建筑设计：** 王幼芬、严彦舟、江丽华、孙铭、曾德鑫、
　　　　　　陈立国、钟柳、佘翔
**建筑面积：** 33 177 ㎡
**设计时间：** 2013 年
**项目状态：** 概念方案

**项目名称:** 富阳行政中心

**项目地点:** 浙江,杭州

**项目主创:** 王幼芬

**建筑设计:** 王幼芬、严彦舟、孙铭、江丽华、曾德鑫、佘翔

**建筑面积:** 54 100 ㎡

**设计时间:** 2013 年

**项目状态:** 概念方案

**项目名称:** 新塘河沿线地铁配套设施

**项目地点:** 浙江,杭州

**项目主创:** 王幼芬

**建筑设计:** 王幼芬、祝狄烽、严彦舟、佘翔、董雍娴、陈凤婷、江丽华、孙铭、王璧君、刘聪

**建筑面积:** 54 100 ㎡

**设计时间:** 2013 年

**项目状态:** 概念方案

**项目名称:** 浙江医学高层专科学校临安校区

**项目地点:** 浙江,杭州

**项目主创:** 王幼芬

**建筑设计:** 王幼芬、严彦舟、江丽华、孙铭、曾德鑫、陈立国、陈柳、佘翔

**建筑面积:** 181 000 ㎡

**设计时间:** 2013 年

**项目状态:** 概念方案

**项目名称:** 余姚文化中心

**项目地点:** 浙江,余姚

**项目主创:** 王幼芬

**建筑设计:** 王幼芬、严彦舟、骆晓怡、孙铭、佘翔

**建筑面积:** 62 000 ㎡

**设计时间:** 2013 年

**项目状态:** 概念方案

**项目名称:** 章丘明水开发区创业中心

**项目地点:** 山东,章丘

**项目主创:** 王幼芬

**建筑设计:** 王幼芬、严彦舟、江丽华、孙铭、曾德鑫、佘翔

**建筑面积:** 132 500 ㎡

**设计时间:** 2013 年

**项目状态:** 概念方案

**项目名称:** 蓬莱文化中心

**项目地点:** 山东,蓬莱

**项目主创:** 王幼芬

**建筑设计:** 王幼芬、严彦舟、祝狄烽、佘翔、曾德鑫、江丽华、孙铭、王璧君、刘聪

**建筑面积:** 94 173 ㎡

**设计时间:** 2013 年

**项目状态:** 概念方案

**项目名称:** 丽水钟表博物馆

**项目地点:** 浙江,丽水

**项目主创:** 王幼芬

**建筑设计:** 王幼芬、严彦舟、江丽华、孙铭、曾德鑫、陈立国、骆晓怡

**建筑面积:** 18 600 ㎡

**设计时间:** 2013 年

**项目状态:** 概念方案

**项目名称:** 海宁博物馆、规划展示馆

**项目地点:** 浙江,海宁

**项目主创:** 王幼芬

**建筑设计:** 王幼芬、严彦舟、曾德鑫、江丽华

**建筑面积:** 27 950 ㎡

**设计时间:** 2013 年

**项目状态:** 概念方案

**项目名称:** 新建福州至平潭铁路—平潭站

**项目地点:** 福建,平潭

**项目主创:** 王幼芬

**建筑设计:** 王幼芬、骆晓怡、孙铭、曾德鑫

**建筑面积:** 29 000 ㎡

**设计时间:** 2014 年

**项目状态:** 概念方案

**项目名称**：武义博物馆、规划展示馆
**项目地点**：浙江，武义
**项目主创**：王幼芬
**建筑设计**：王幼芬、祝狄烽、严彦舟、江丽华、曾德鑫
**建筑面积**：30 391 ㎡（博物馆 10 831 ㎡、规划展示馆 10 176 ㎡、地下建筑 9 384 ㎡）
**设计时间**：2014 年
**项目状态**：2019 年竣工
**项目荣誉**：2020 年浙江省勘察设计行业优秀勘察设计综合类三等奖
2020 年杭州市建设工程西湖杯（优秀勘察设计）二等奖

**项目名称**：吴中博物馆
**项目地点**：江苏，苏州
**项目主创**：王幼芬
**建筑设计**：王幼芬、骆晓怡、陈立国、江丽华、曾德鑫
**合作单位**：苏州规划设计研究院股份有限公司
**建筑面积**：18 652 ㎡
**设计时间**：2014—2016 年
**项目状态**：2020 年竣工
**项目荣誉**：2022 年浙江省勘察设计行业优秀勘察设计奖（建筑工程设计类）二等奖
2022 年杭州市勘察设计行业优秀成果二等奖
2021 年 PIO 第三届环球地产设计大奖城市文化推动奖

**项目名称**：高密北站
**项目地点**：山东，高密
**项目主创**：王幼芬
**建筑设计**：王幼芬、严彦舟、陈立国、骆晓怡、金智洋、于晨、郭磊、江丽华、孙铭、林肖寅、李嘉蓉、曾德鑫、胡泊
**建筑面积**：9 872 ㎡
**设计时间**：2014 年
**项目状态**：2018 年竣工
**项目荣誉**：2020 年浙江省勘察设计行业优秀勘察设计综合类三等奖
2020 年杭州市建设工程西湖杯奖（优秀勘察设计）二等奖

**项目名称**：宁夏美术馆
**项目地点**：宁夏，银川
**项目主创**：王幼芬
**建筑设计**：王幼芬、严彦舟、骆晓怡、孙铭、曾德鑫、祝狄烽
**建筑面积**：30 000 ㎡
**设计时间**：2014 年
**项目状态**：概念方案

**项目名称**：山东书画艺术中心
**项目地点**：山东，济南
**项目主创**：王幼芬
**建筑设计**：王幼芬、骆晓怡、曾德鑫、陈立国
**建筑面积**：67 800 ㎡
**设计时间**：2015 年
**项目状态**：概念方案

**项目名称**：章丘北站
**项目地点**：山东，章丘
**项目主创**：王幼芬
**建筑设计**：王幼芬、严彦舟、曾德鑫、俞晨驹、骆晓怡、金智洋、于晨、陈立国、江丽华、孙铭、林肖寅、李嘉蓉、胡泊
**建筑面积**：10 000 ㎡
**设计时间**：2015 年
**项目状态**：2018 年竣工

**项目名称**：杭黄线—富阳站
**项目地点**：浙江，杭州
**项目主创**：王幼芬
**建筑设计**：王幼芬、严彦舟、孙铭、骆晓怡、李嘉蓉、胡泊、祝狄烽、林肖寅、徐茹晨
**建筑面积**：12 280 ㎡
**设计时间**：2015 年
**项目状态**：2019 年竣工

**项目名称**：杭黄线—淳安站
**项目地点**：浙江，淳安
**项目主创**：王幼芬
**建筑设计**：王幼芬、严彦舟、孙铭、曾德鑫
**建筑面积**：5 000 ㎡
**设计时间**：2015 年
**项目状态**：概念方案

**项目名称**：杭黄线—建德站
**项目地点**：浙江，建德
**项目主创**：王幼芬
**建筑设计**：王幼芬、严彦舟、孙铭、曾德鑫
**建筑面积**：5 000 ㎡
**设计时间**：2015 年
**项目状态**：概念方案

**项目名称**：永康妇女儿童活动中心、青少年宫、规划展示馆
**项目地点**：浙江，永康
**项目主创**：王幼芬
**建筑设计**：王幼芬、孙铭、骆晓怡、江丽华、祝狄烽、李嘉蓉、林肖寅、曾德鑫、胡逸飞
**建筑面积**：35 000 ㎡
**设计时间**：2015 年
**项目状态**：概念方案

**项目名称：** 成都美术馆、图书馆
**项目地点：** 四川，成都
**项目主创：** 王幼芬
**建筑设计：** 王幼芬、严彦舟、江丽华、祝狄烽、曾德鑫、
陈立国、谢维、李凯欣、李石秋、舒宇娟
**建筑面积：** 108 000 ㎡
**设计时间：** 2015 年
**项目状态：** 概念方案

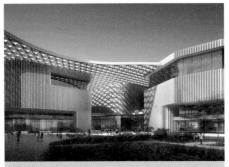

**项目名称：** 浙商文化中心
**项目地点：** 浙江，杭州
**项目主创：** 王幼芬
**建筑设计：** 王幼芬、骆晓怡、严彦舟、祝狄烽、陈立国、
江丽华、孙铭、刘鹤群
**建筑面积：** 106 200 ㎡
**设计时间：** 2015 年
**项目状态：** 概念方案

**项目名称：** 苏州平江历史文化街区东南部地块
**项目地点：** 江苏，苏州
**项目主创：** 王幼芬
**建筑设计：** 骆晓怡、孙铭、徐正平、江丽华、陈立国、
徐茹晨、姚冠杰
**建筑面积：** 129 000 ㎡
**设计时间：** 2015 年
**项目状态：** 概念方案

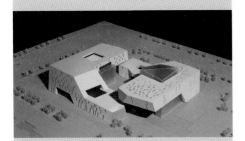

**项目名称：** 郑州美术馆、档案馆
**项目地点：** 河南，郑州
**项目主创：** 王幼芬
**建筑设计：** 王幼芬、曾德鑫、李嘉蓉
**建筑面积：** 90 000 ㎡
**设计时间：** 2015 年
**项目状态：** 概念方案

**项目名称：** 杭州大江东产业集聚区会展中心
**项目地点：** 浙江，杭州
**项目主创：** 王幼芬
**建筑设计：** 王幼芬、骆晓怡、陈立国、曾德鑫、孙铭、
江丽华
**建筑面积：** 211 550 ㎡
**设计时间：** 2015 年
**项目状态：** 概念方案

**项目名称：** 塞尔维亚中国文化中心大厦
**项目地点：** 塞尔维亚
**项目主创：** 王幼芬
**建筑设计：** 王幼芬、骆晓怡、陈立国、江丽华、李嘉蓉
**建筑面积：** 35 909 ㎡
**设计时间：** 2016 年
**项目状态：** 概念方案

**项目名称：** 郑州大剧院
**项目地点：** 河南，郑州
**项目主创：** 王幼芬
**建筑设计：** 王幼芬、祝狄烽、林肖寅、胡逸飞、江丽华
**建筑面积：** 93 000 ㎡
**设计时间：** 2015 年
**项目状态：** 概念方案

**项目名称：** 苏州市北桥中学
**项目地点：** 江苏，苏州
**项目主创：** 王幼芬
**建筑设计：** 王幼芬、骆晓怡、陈立国、曾德鑫
**合作单位：** 苏州市规划院
**建筑面积：** 106 200 ㎡
**设计时间：** 2015 年
**项目状态：** 概念方案

**项目名称：** 南京青少年宫
**项目地点：** 江苏，南京
**项目主创：** 王幼芬
**建筑设计：** 王幼芬、骆晓怡、胡泊、商邵鑫、黎治同
**建筑面积：** 55 902 ㎡
**设计时间：** 2016 年
**项目状态：** 概念方案

项目名称：商合杭铁路—郎溪站
项目地点：安徽，郎溪
项目主创：王幼芬
建筑设计：王幼芬、骆晓怡、魏欣桐、胡泊、商邵鑫、
　　　　　黎治同
建筑面积：5 000 ㎡
设计时间：2016 年
项目状态：概念方案

项目名称：北仑文化艺术中心
项目地点：浙江，宁波
项目主创：王幼芬
建筑设计：王幼芬、骆晓怡、李嘉蓉、胡泊、孙铭、
　　　　　祝狄烽、商邵鑫、黎治同
建筑面积：155 088 ㎡
设计时间：2016 年
项目状态：概念方案

项目名称：太子城冰雪小镇会展酒店
项目地点：河北，崇礼
项目主创：王幼芬
建筑设计：王幼芬、骆晓怡、祝狄烽、胡泊、宋子雨、
　　　　　纪圣霖、陈立国、俞晨驹、孙铭、林肖寅、
　　　　　张琪琪、马筑卿、唐冉、江丽华
建筑面积：75 310 ㎡
设计时间：2017 年
项目状态：概念方案

项目名称：商合杭铁路—广德站
项目地点：安徽，广德
项目主创：王幼芬
建筑设计：王幼芬、骆晓怡、魏欣桐、胡泊、商邵鑫、
　　　　　黎治同
建筑面积：5 000 ㎡
设计时间：2016 年
项目状态：概念方案

项目名称：河北大剧院
项目地点：河北，石家庄
项目主创：王幼芬
建筑设计：王幼芬、郑庆丰、祝狄烽、余新明、雷寿云、
　　　　　江丽华、王楠、商邵鑫、黎治同、田果、
　　　　　李嘉蓉、黄武、孙铭
建筑面积：74 500 ㎡
设计时间：2016 年
项目状态：概念方案

项目名称：泗水南站
项目地点：山东，泗水
项目主创：王幼芬
建筑设计：王幼芬、严彦舟、陈立国、俞晨驹、胡泊、
　　　　　李嘉蓉、林肖寅、孙铭、郭磊
建筑面积：5 000 ㎡
设计时间：2017 年
项目状态：2019 年竣工

项目名称：商合杭铁路—安吉站
项目地点：浙江，安吉
项目主创：王幼芬
建筑设计：王幼芬、骆晓怡、魏欣桐、胡泊、商邵鑫、
　　　　　黎治同
建筑面积：10 000 ㎡
设计时间：2016 年
项目状态：概念方案

项目名称：新建青岛至连云港铁路—胶南站
项目地点：山东，青岛
项目主创：王幼芬
建筑设计：王幼芬、孙铭、胡逸飞、陈炳浩、曾德鑫
建筑面积：60 000 ㎡
设计时间：2016 年
项目状态：概念方案

项目名称：程十发美术馆
项目地点：上海
项目主创：王幼芬
建筑设计：王幼芬、孙铭、胡泊、江丽华、陈立国
建筑面积：11 000 ㎡
设计时间：2017 年
项目状态：概念方案

**项目名称：** 武义文化中心
**项目地点：** 浙江，金华
**项目主创：** 王幼芬
**建筑设计：** 王幼芬、骆晓怡、胡泊、张琪琪、马筑卿、
唐冉、余晨驹
**建筑面积：** 26 132 ㎡
**设计时间：** 2017 年
**项目状态：** 概念方案

**项目名称：** 中国商业与贸易博物馆
**项目地点：** 浙江，义乌
**项目主创：** 王幼芬
**建筑设计：** 王幼芬、严彦舟、江丽华、曾德鑫、孙铭
**建筑面积：** 40 000 ㎡
**设计时间：** 2018 年
**项目状态：** 概念方案

**项目名称：** 东台金阳广场
**项目地点：** 江苏，东台
**项目主创：** 王幼芬
**建筑设计：** 王幼芬、骆晓怡、李嘉蓉、岳凯、王菁蔓
**建筑面积：** 50 131 ㎡
**设计时间：** 2018 年
**项目状态：** 2020 年竣工

**项目名称：** 四七堡单元沿地铁站点周边沿河绿地文化
小品
**项目地点：** 浙江，杭州
**项目主创：** 王幼芬
**建筑设计：** 王幼芬、骆晓怡、胡泊、张琪琪、古振强
**建筑面积：** 3 500 ㎡
**设计时间：** 2017 年
**项目状态：** 概念方案

**项目名称：** 东台机器人广场
**项目地点：** 江苏，东台
**项目主创：** 王幼芬
**建筑设计：** 王幼芬、骆晓怡、胡泊
**建筑面积：** 155 440 ㎡
**设计时间：** 2018 年
**项目状态：** 概念方案

**项目名称：** 武林美术馆
**项目地点：** 浙江，杭州
**项目主创：** 王幼芬
**建筑设计：** 王幼芬、祝狄烽、孙铭、胡泊、陈立国、
李嘉蓉、骆晓怡、纪圣霖、宋子雨、岳凯、
江丽华、王菁蔓
**建筑面积：** 48 905 ㎡
**设计时间：** 2018 年
**项目状态：** 2023 年竣工

**项目名称：** 盐城站站房与综合客运枢纽
**项目地点：** 江苏，盐城
**项目主创：** 王幼芬
**建筑设计：** 王幼芬、骆晓怡、胡泊、商邵鑫、黎治同、
孙铭
**建筑面积：** 100 000 ㎡
**设计时间：** 2017 年
**项目状态：** 概念方案

**项目名称：** 衢州高铁西站综合枢纽
**项目地点：** 浙江，衢州
**项目主创：** 王幼芬
**建筑设计：** 王幼芬、骆晓怡、胡泊、岳凯、纪圣霖、
宋子雨、王菁蔓、孙铭
**合作单位：** 南京东南大学城市规划设计研究院有限公司
**建筑面积：** 245 000 ㎡
**设计时间：** 2018 年
**项目状态：** 概念方案

**项目名称：** 杭州经济技术开发区总工会职工文化活动
用房
**项目地点：** 浙江，杭州
**项目主创：** 王幼芬
**建筑设计：** 王幼芬、孙铭、胡泊、张琪琪、马筑卿、
唐冉、陈立国
**建筑面积：** 47 850 ㎡
**设计时间：** 2018 年
**项目状态：** 概念方案

项目名称：盐通高铁—东台站
项目地点：江苏，东台
项目主创：王幼芬
建筑设计：王幼芬、骆晓怡、陈立国、孙超、
　　　　　纪圣霖、胡泊、俞晨驹、宋子雨
合作单位：中国铁路设计集团有限公司
建筑面积：24 000 ㎡
设计时间：2018 年
项目状态：2020 年竣工

项目名称：东台高铁站配套工程
项目地点：江苏，东台
项目主创：王幼芬
建筑设计：王幼芬、骆晓怡、江丽华、纪圣霖、宋子雨、
　　　　　岳凯、王菁蔓、陈立国
建筑面积：43 400 ㎡
设计时间：2018 年
项目状态：施工中

项目名称：邢台大剧院
项目地点：河北，邢台
项目主创：王幼芬
建筑设计：王幼芬、骆晓怡、孙铭、岳凯、胡泊、
　　　　　祝狄烽、王菁蔓、江丽华、孙超
建筑面积：57 382 ㎡
设计时间：2019 年
项目状态：概念方案

项目名称：深圳自然博物馆
项目地点：广东，深圳
项目主创：王幼芬
建筑设计：王幼芬、骆晓怡、祝狄烽、江丽华、宋子雨、
　　　　　周盛遥、岳凯、徐宇城、官恩平、胡泊、
　　　　　陈立国、金玉泽、韦舒懿、姚嘉微
合作单位：欧博设计
建筑面积：103 637 ㎡
设计时间：2020 年
项目状态：国际设计竞标入围

项目名称：苏州大新桥巷历史建筑保护与更新
项目地点：江苏，苏州
项目主创：王幼芬
建筑设计：王幼芬、骆晓怡、岳凯、谢家豪、金玉泽
建筑面积：2 690 ㎡
设计时间：2020 年
项目状态：苏州古城复兴建筑设计工作营第二名

项目名称：杭温高铁—桐庐东站
项目地点：浙江，桐庐
项目主创：王幼芬
建筑设计：王幼芬、严彦舟、孙铭、江丽华、胡泊、
　　　　　阮珂、杨士清、孙超、官恩平、徐宇城、
　　　　　宋子雨、林心怡、金智洋
建筑面积：35 000 ㎡
设计时间：2020 年
项目状态：2022 年竣工

项目名称：杭温高铁—富阳西站
项目地点：浙江，杭州
项目主创：王幼芬
建筑设计：王幼芬、严彦舟、孙铭、江丽华、骆晓怡、
　　　　　胡泊、官恩平、徐宇城、林心怡、俞晨驹、
　　　　　宋子雨、祝狄烽、阮珂
建筑面积：20 000 ㎡
设计时间：2020 年
项目状态：2022 年竣工

项目名称：甬舟铁路—舟山站
项目地点：浙江，舟山
项目主创：王幼芬
建筑设计：王幼芬、严彦舟、孙铭、江丽华、徐宇城、
　　　　　官恩平、林心怡、岳凯、周盛遥、陈立国、
　　　　　胡泊、谢家豪、韦舒懿、金玉泽
建筑面积：20 000 ㎡
设计时间：2021 年
项目状态：施工中

项目名称：甬舟铁路—金塘站
项目地点：浙江，金塘
项目主创：王幼芬
建筑设计：王幼芬、严彦舟、孙铭、江丽华、钱湘君、
　　　　　徐宇城、官恩平、林心怡、岳凯、周盛遥、
　　　　　陈立国、胡泊、谢家豪、韦舒懿、金玉泽
建筑面积：3 500 ㎡
设计时间：2021 年
项目状态：施工中

**项目名称：** 西安电子科技大学杭州研究院

**项目地点：** 浙江，杭州

**项目主创：** 王幼芬

**建筑设计：** 王幼芬、王大鹏、孙铭、祝狄烽、骆晓怡、
潘韵雯、江丽华、李嘉蓉、阮珂、岳凯、
张鑫辉、马聘、赵梦娣、官恩平、王凯、
孙超、钱湘君、周盛遥、徐宇城、谢家豪、
陈豪特、林心怡、赵知立

**建筑面积：** 664 463 ㎡

**设计时间：** 2021 年

**项目状态：** 施工中

**项目名称：** 国家方志馆（江南分馆）

**项目地点：** 江苏，苏州

**项目主创：** 王幼芬

**建筑设计：** 王幼芬、骆晓怡、岳凯、陈立国、弋浩承炎、
王凯、周盛遥

**建筑面积：** 14 225 ㎡

**设计时间：** 2021—2022 年

**项目状态：** 施工图完成未建

**项目名称：** 新建杭州机场联络线钱塘客运枢纽

**项目地点：** 浙江，杭州

**项目主创：** 王幼芬

**建筑设计：** 王幼芬、严彦舟、陈立国、于晨、金智洋、
岳凯、魏瑞环、弋浩承炎、任阳、 李昭、
顾晨曦、杨仕清、骆晓怡、李嘉蓉、钱湘君、
周盛遥、谢家豪、祝狄烽、孙能斌、李昊桢、
刘晶晶、戚东炳

**合作单位：** 中国铁路设计集团有限公司

**建筑面积：** 14 700 ㎡

**设计时间：** 2022 年

**项目状态：** 施工中

**项目名称：** 电子科技大学长三角研究院（湖州）

**项目地点：** 浙江，湖州

**项目主创：** 王幼芬

**建筑设计：** 王幼芬、孙铭、李嘉蓉、江丽华、徐宇城、
官恩平、林心怡、岳凯、谢家豪、王凯

**建筑面积：** 210 000 ㎡

**设计时间：** 2022 年

**项目状态：** 概念方案

**项目名称：** 良渚博物院二期

**项目地点：** 浙江，杭州

**项目主创：** 王幼芬

**建筑设计：** 王幼芬、骆晓怡、李嘉蓉、岳凯、王凯、
谢家豪、钱湘君、徐宇城、弋浩承炎

**建筑面积：** 27 023 ㎡

**设计时间：** 2022 年

**项目状态：** 概念方案

**项目名称：** 东台金融广场

**项目地点：** 江苏，东台

**项目主创：** 王幼芬

**建筑设计：** 王幼芬、骆晓怡、李嘉蓉、阮珂、陈梦凡、
王凯、谢家豪、岳凯

**建筑面积：** 78 080 ㎡

**设计时间：** 2022 年

**项目状态：** 完成扩初设计

# 后记
AFTERWORD

筑境设计成立 20 周年，提议出本我的作品集，这让我有机会回顾与整理所做的设计项目。粗粗算起来，这些大大小小的设计项目有百余项，但真正实施的却只是其中的一部分，其他的不是遭遇设计投标败北，就是经历项目的无常。这本集子收录的最近二十年的十七个项目，自然也反映了上述这些状态。不过无论成败与否，集子中的每一项设计，都内含了当初对于特定场地环境的解读和具体问题的思考，融入了相应的愿想与策略。因此，从某种意义上讲，这更像是一份设计过程中所思所想的记录。希望通过对它们的整理，与大家分享。

而集子取名"呈现风景"，更多是与自己设计过程的愿想有关。建筑源于对世界的体悟和想象，它们终是为了营造适宜的场所，激发丰富的可能，呈现风景。这些风景可能是山水林园，也可能是人文样态；可能是诗意的情境，也可能是琐碎的日常……是人与世界的关联。因此，建筑设计或场所营造，很大程度上是在对潜在场景的激发想象中，创造可能，呈现这些风景的过程。

项目的设计过程离不开设计团队。当我重温一组组曾经共同经历甘苦的团队成员名单，回忆与大家一起工作的日日夜夜，不禁感慨万千。他们是我的同事、我的学生和我的伙伴，没有他们的积极投入与不懈努力，就不可能有今天这些设计作品，能与这样一批有理想、有追求、又有共识与默契的人一起工作，是我的莫大幸运！想到他们，内心充满感激！感谢大家！

我也要感谢参与此书出版工作的各位同仁。

感谢我的同事祝狄烽。出书的工作具体又繁琐，他不辞劳苦，尽心尽力，不仅负责了书中各个设计项目图文资料、相片的收集和整理，还承担了图纸绘制把控和全书的排版工作，为本书的成稿与完善作出了很大的贡献。

感谢我的学生金玉泽和韦舒懿，感谢他们为图纸的绘制工作付出的辛劳。

感谢尽心尽责地对接组织出书工作的李春、王子璇，也谢谢李春充当温柔的"黄世仁"，虽然不时向我逼"债"，却又一再体谅、容忍我的拖欠。

感谢负责项目拍摄的陈畅、黄临海、文沛，他们辛劳努力，有时为了找到合适的角度或光线，备受折腾。

谢谢林宾燕，她热情又用心，为书中的图效提供了良好的建议与帮助。

我还要感谢《时代建筑》的徐洁老师，他不仅给予我热情的支持和鼓励，也带给我中肯的建议，让我备受启发。同时感谢徐洁老师的编辑团队，感谢周逸坤、罗之颖、王梦佳、完颖和杨勇为此书工作付出的辛劳。

最后，我要感谢为本书作序的韩冬青。与冬青相识已久，时时会有一些令人愉悦的面叙和商讨机会，特别是回到母校工作期间，更是得到冬青热情而无私的支持与帮助。冬青不仅设计做得好，授课也很精彩，他的设计专题课永远是最受学生欢迎的课程之一。有时我为了所带的毕业设计小组学生在设计过程中获得更多的助益，会专门请来冬青"开小灶"，给大家的中期成果作点评指导，尽管冬青平日百事缠身，却从不推辞，而他的评析，几乎就是一堂生动的设计理论课，其中的智识灼见让学生、也让我受益匪浅。冬青为此书作序是我的荣幸！

真诚地感谢大家！

2023 年 8 月 15 日 写于杭州

图书在版编目（CIP）数据

呈现风景 / 王幼芬著 . -- 上海：同济大学出版社，
2023.12
　ISBN 978-7-5765-0667-9

　Ⅰ . ①呈… Ⅱ . ①王… Ⅲ . ①文化建筑－建筑设计－
作品集－中国－现代 Ⅳ . ① TU206

中国国家版本馆 CIP 数据核字 (2023) 第 236954 号

| 顾问 | 徐洁 |
| 编辑 | 周逸坤　罗之颖　王梦佳 |
| 美编 | 完颖　杨勇　祝狄烽 |
| 摄影 | 陈畅　黄临海　文沛 |

# 呈现风景

**王幼芬**　著

**责任编辑** 由爱华　朱笑黎　　**责任校对** 徐逢乔　　**装帧设计** 完颖　杨勇

**出版发行** 同济大学出版社　　www.tongjipress.com.cn

　　（地址：上海市四平路1239号　邮编：200092　电话：021-65985622）

**经　销** 全国各地新华书店

**印　刷** 上海安枫印务有限公司

**开　本** 889mm× 1194mm　　1/16

**印　张** 13.25

**字　数** 223 000

**版　次** 2023 年12月 第 1 版

**印　次** 2023 年12月 第 1 次印刷

**书　号** ISBN 978-7-5765-0667-9

**定　价** 168.00元